站在巨人的肩上

Standing on Shoulders of Giants

www.turingbook.com

站在巨人的肩上
Standing on Shoulders of Giants
TURING
图灵教育
www.turingbook.com

TURING 图灵程序设计丛书 移动开发系列

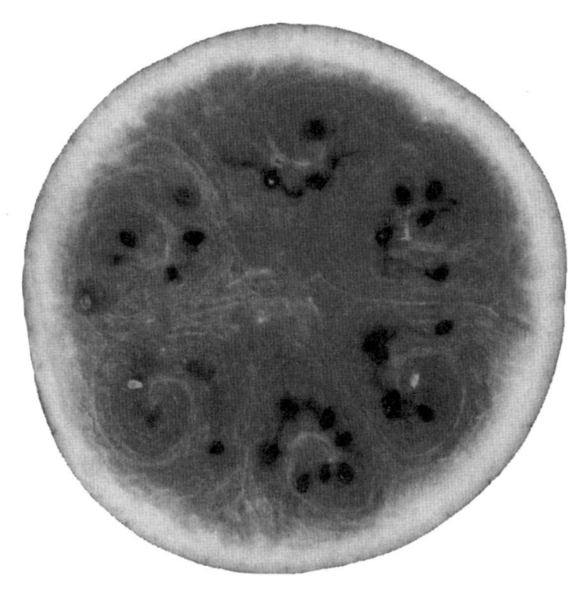

iPhone Games Projects

iPhone游戏编程实例

分享成功游戏开发人员的锦囊妙计

[美] Dave Mark
PJ Cabrera 等著

王小振 王恒 等译

人民邮电出版社

北京

图书在版编目（CIP）数据

iPhone游戏编程实例：分享成功游戏开发人员的锦囊妙计/（美）马克（Mark，D.）等著；王小振等译.—北京：人民邮电出版社，2010.8
（图灵程序设计丛书）
书名原文：iPhone Games Projects:Successful iPhone Game Developers Share Their Secrets
ISBN 978-7-115-23279-3

Ⅰ.①i… Ⅱ.①马… ②王… Ⅲ.①移动通信－携带电话机－游戏－应用程序－程序设计 Ⅳ.①TN929.53②TP311.5

中国版本图书馆CIP数据核字(2010)第122112号

内 容 提 要

本书通过实战中的真实示例阐释了独立进行 iPhone 游戏开发时必须掌握的知识，介绍了高效开发创意游戏和优化游戏的实用技巧。

书中结合示例对 iPhone 游戏开发进行了详细而通俗的讲解，包括如何使用 iPhone SDK 工具（如 Instruments 和 Shark）优化游戏，如何加强游戏设计的美术工艺，如何利用 REST 式网页服务在自己的游戏中实现社会化网络，如何在 iPhone 平台上快速进行游戏开发，如何通过开发在 iPhone、Mac OS X、Linux 和 Windows 上运行的游戏来提高市场份额，如何开发 iPhone 多人游戏。

本书适合所有 iPhone 游戏开发人员学习参考。

图灵程序设计丛书

iPhone游戏编程实例：
分享成功游戏开发人员的锦囊妙计

◆ 著 [美] Dave Mark PJ Cabrera 等
译 王小振 王恒 等
责任编辑 朱 巍
执行编辑 毛倩倩

◆ 人民邮电出版社出版发行 北京市崇文区夕照寺街14号
邮编 100061 电子函件 315@ptpress.com.cn
网址 http://www.ptpress.com.cn
北京画中画印刷有限公司印刷

◆ 开本：800×1000 1/16
印张：14.5
字数：390千字 2010年8月第1版
印数：1－4 000册 2010年8月北京第1次印刷

著作权合同登记号 图字：01-2010-0386号

ISBN 978-7-115-23279-3

定价：59.00元

读者服务热线：(010)51095186 印装质量热线：(010)67129223
反盗版热线：(010)67171154

版 权 声 明

献给我的爸爸妈妈，Pedro 和 Cecilia：会心一笑。

——PJ Cabrera

献给我的兄弟 Adam，尽管他做了 50% 的工作，
但出头露面的机会只有 0.01% ☺

——Aaron Fothergill

献给我过去以及现在的团队，我能有今天离不开你们的帮助。

——Mike Lee

译 者 序

如果你还只是在 iPhone 上安装别人开发的游戏，如果你还在为别人的 iPhone 游戏惊叹不已，很遗憾地告诉你：你有些落伍了！

如果你已经不再满足于此，而在期盼着有一天自己的游戏也能登上 App Store，祝贺你，你的愿望绝对不是无谓的梦想。因为，你有强大的后援，而你手上的这本书就是最有力的支撑。

本书作者曾开发过一些知名的 iPhone 游戏，而且仍在 iPhone 游戏的开发道路上继续努力。本书正是汇集了这些作者根据自己的实践经验提炼的“独门绝技”。无论你是否玩过他们的游戏，但有一点是肯定的，你绝对不想错过他们的智慧结晶。

全书共有 8 章，分别从不同角度引领大家走入 iPhone 游戏开发的前沿，具体包括用户体验、社交游戏、基于标准 C 的游戏开发、游戏优化、游戏设计文档、跨平台游戏、代码优化和网络化游戏。每位作者各尽其能，分别用一章介绍自己最为擅长的领域。有些侧重于用生动的语言展示概念的内涵，有些则着重于通过示例代码支持所阐述的思想，不同风格、不同角度、不同内容，共同汇聚成为你手上这本异彩纷呈的技术指南。读过本书你定会“功力大增”，相信正如作者所说，也许你的应用程序很快就能发布到 App Store 上！

全书主要由王小振、王恒翻译，并得到李璜、乔会东、苏金国、姚曜的大力协助。全书是多位不同风格的作者合作完成的，因此给翻译带来了一些困难，尽管我们在文字上下了很大工夫，但肯定还会有不当之处，敬请批评指正。

译　者

2010 年 4 月

序

iPhone 游戏现在实在是炙手可热！写这本书时，App Store 上已经有超过 40 000 个应用程序，其中近 9 000 个都属于游戏类，这也是目前为止最庞大的一类应用。第二大类是娱乐类，只有约 5 000 个应用。在 App Store 上，游戏比其他类型的应用多出近 40%。

游戏不仅是 App Store 上规模最大的一类应用，同时也是最畅销的一类。在争取下载量达十亿的促销期间，Apple 提供了最流行应用的一个名单。在销售情况最好的前 20 个应用中，14 个以上都是游戏。其中很多应用在 App Store 推出后的 9 个月内，都曾跻身最畅销应用前 10 名之列，还有很多目前仍在前 100 名以内。这些游戏在其鼎盛时期曾经日销售成千上万份，每天的收入达到几千到数万美元。

看到这些惊人的数字，不难理解为什么人们对开发 iPhone 游戏的兴趣如此高涨；这可能也是你在读这个序言的原因。现在正是选择这本书的最佳时机。如果你想享受开发 iPhone 游戏的乐趣，希望从中赢利，那么就从此时此刻开始吧，本书正是你通往 iPhone 游戏开发世界的门票！

本书汇集了众多一流的独立 iPhone 游戏开发人员的实战经验，这都是“独门绝技”，在别处是绝对找不到的。一些极其经典的游戏就出自本书作者之手：

- Brian Greenstone 开发了 Enigmo 和 Cro-Mag Rally；
- Aaron Fothergill 开发了 Flick Fishing；
- Mike Lee 开发了最初的 Tap Tap Revolution，这是 App Store 历史上下载量最大的游戏。

本书中有一章是获奖游戏的开发人员 Mike Kasprzak 所作，他进入了 2009 年游戏开发人员大会独立游戏节最佳 Mobile 游戏的决赛。Richard Zito、Joachim Bondo 和 Olivier Hennessy 等本书的其他作者也都在游戏开发领域获得过极高评价和赞誉。

这是一本了不起的著作，介绍了 iPhone 开发的多种观点和不同方法，充分展示了如何利用不同技术开发 iPhone 游戏。你不仅能得到使用 iPhone SDK 工具（如 Instruments 和 Shark）优化游戏的有关知识，还能了解专家们通过实践磨练学到的优化技巧。你还将获得有关游戏设计的非凡见识，这无疑是游戏创建中最为重要的方面。如果游戏设计不合适，世界上再好的技术也无济于事。

我很荣幸能够在完成本书期间与这些专业的独立游戏开发人员合作共事，从他们的著作中我学到了很多经验。利用本书，你也能够得到珍贵的知识与技巧，能够开发下一代经典游戏，并赢得大奖。

现在就拿起这本书，开始游戏开发之旅吧！

PJ Cabrera

FoneGears Systems 公司创始人和首席开发员

前　　言

首先，很显然：iPhone 很火。iPod touch 也很火（尽管不那么明显）——没有电话，没有蜂窝网（也没有相应的每月付费），只是一个可以玩游戏、可以下载应用程序的绝妙的 Cocoa touch 设备。它们的稳定性、一直保持的网络连接、无以言表的非凡外观，以及（作为开发人员，这一点我们体会最深）所有那些杰出的第三方应用，使得消费者对它们狂热追捧。

Apple 的 App Store 也很火，而且这些设备的拥有者很清楚，其中最火的是游戏！《华尔街日报》报道了由 Mobclix 收集的数据，这些数据显示 Apple 的 App Store 中四分之一以上都是游戏（见 http://blogs.wsj.com/digits/2009/03/23/no-recession-for-iphone-game-apps/）。风险投资者也加入进来，对游戏开发人员 Ngmoco 的投资竟达一千万美元之多。甚至专门有一个有关 iPhone 游戏的会议（见 http://www.igsummit.com/）。

本书是 iPhone 和 iPod touch 游戏开发之旅中的一个指南和同伴。像所有优秀的旅行指南一样，这里有很多提示、重点，还有一些很有意义的建议，可以帮助你避免犯那些之前较早探路者经历过的代价高昂而且很花费时间的错误。

不过游戏开发人员的生活并非总是充满乐趣，当然游戏也是如此，所以这里还包含另外一些内容。毕竟，与任何形式的应用开发一样，游戏开发同样需要掌握基本编码和语言技巧的有关知识。 因此，书中提供了一些代码，以便你在构建自己的应用程序时重用。有些开发人员可能并不把游戏开发作为自己的首选，即便如此，这些开发人员也能从本书找到大量可靠的信息，并在他们的应用中使用。

本书面向的读者

本书面向每位为 iPhone 和 iPod touch 编写游戏的人。这里假设你已经有一些开发经验，包括一般经验以及只在 iPhone 上使用 Objective-C 和 Cocoa 的经验。我们并不打算涵盖可能想到的每一种游戏的每一个 API 的方方面面，而是为读者留出了很大的想象空间，只提供了最重要的概念和有说服力的示例，希望它们对你有用，能够让你有所启发。

我们之所以能够这么做，是因为它是 Apress 的“Mac 和 iPhone 开发人员系列”完整路线图的一部分。所以，如果你用过 Objective-C 和 Cocoa，不过没有专门做过 iPhone 开发，Dave Mark 和 Jeff LaMarche 编写的《iPhone 3 开发基础教程》可以很好地填补空白。如果你用过某种面向对象语言（如 C++、C# 或 Java），阅读《iPhone 3 开发基础教程》之前，只需简单浏览 Apple 免费在线参考手册 *The Objective-C 2.0 Programming Language*（可以从 http://developer.apple.com 得到）的前几章可能就足够了。否则，你可能需要先从 Mark Dalrymple 和 Scott Knaster 的 *Learn Objective-C on the Mac* 开始（前提是你有 C 的开发经验，但没有用过 Objective-C），或者需要先看看 Dave Mark 的 *Learn C on the Mac*（前提是你在开发方面完全是新手，或者从未用过 PHP、ASP 或 JavaScript 等类 C 语言）。

iPhone SDK 的某些部分基于标准 C 而不是 Cocoa 框架，类似的，本书的一些部分使用了标准 C 的指针和结构。如果你不熟悉这些内容，Peter van der Linden 所著的 *Expert C Programming*（由 Prentice Hall 出版）可以帮助你了解有关内容。

本书内容

本书首先将认真地考虑用户体验。我们总听人们这样讲：应用发布之前应当力求完美，不过这到底是什么意思呢？Joachim Bondo 是优雅的国际象棋应用 Deep Green 的作者，他同读者分享了他的见解，指出哪些因素可以促成一个优秀的用户界面，以及他如何决定需要增加哪些特性和需要删除哪些特性。了解 Deep Green 中贯彻的这些思想会让你明白“力求完美”的真正含义。

在第 2 章，PJ Cabrera 向我们介绍了重归游戏社交性的有关思想。他用大量代码来支持自己的想法，展示了如何调用一个网页服务，如何解析得到的 XML，如何向网页服务提交数据以及对于真正的 REST 式网页服务，如何用一个非正式的库简化这个任务。此外，你还将了解如何使用 Ruby on Rails 建立一个 REST 式网页服务的原型，从而能够很快起步。

有长时间开发经历的开发人员很想知道古老的文本游戏 Star Trek 是如何演变成使用 OpenGL ES 的游戏 Space Hike 的。Aaron Fothergill 在第 3 章解释了这个演变过程，还分享了一个巧妙的技术来保存基于结构的数据。

在第 4 章，Pangea Software 公司的“巨星”Brian Greenstone（Bugdom、CroMag Rally 等游戏的作者）向我们展示了开发 iPhone 动作游戏时必做的事项。Brian 还将指导你使用 Instruments 和 Shark 完成性能分析。第一次读这一章时，看到最后我真是筋疲力尽了。

在第 5 章，Olivier Hennessy 和 Clayton Kane 以游戏设计文档的形式介绍了他们在这个领域的经验（可以把这看作一个成功计划）。他们还对可用的游戏引擎给出了概述，并解释了选择某个引擎的原因。

除了 iPhone，你是不是还在考虑其他平台？在第 6 章，Mike Kasprzak 分享了他为 iPhone

编写基于 OpenGL ES 的游戏的有关技术，只需少量修改就能让游戏在 Windows 和 Linux 上运行。其中还包含了“跳帧”和物理模拟等技术。

Mike Lee 曾任职于 Delicious Monster，后来与他人合创了 Tapulous，现在加入了 Apple。他在第 7 章介绍了对代码优化过程的认识。Mike 深入分析了优化的思维过程，包括主要观察哪些方面将有助于得出解决方案。他还强调了纳入开发商框架的重要性，尽管你可能更愿意自行开发。

在本书的最后，Richard Zito 和 Matthew Aitken 介绍了有关多人游戏的内容。他们研究了实现网络化的多种技术，展示了各种技术的优缺点。这里涵盖了底层 socket 技术（包括提供以及不提供 Bonjour 服务）。你将了解如何在网络上“发布”游戏的可用性，以及如何让用户加入。

我们还在线增加了额外的一章①，由 Jamie Gotch 所著，介绍了如何实现游戏 Puyo 的一个克隆版本，这是一个积木下落游戏，使用了 A*（A 星）寻路算法。A* 通常在诸如实时策略、冒险和角色扮演等类型的游戏中为单元运动实现人工智能。这一章展示了如何使用 A* 在游戏中寻找相邻的同色积木。Jamie 的游戏 Fieldrunners 在游戏开发人员大会独立游戏节 Mobile 2009 大赛中成为赢家。

从有经验的 OpenGL 开发人员，到企业软件开发人员，甚至那些只满足于介绍性文字的人，都将从本书有所收获。这一点我很清楚，因为我已经读完了每一章，并检查了每一行代码。对于开发应用来说这绝对是一个很有启发性的旅程，它提供了丰富多彩的经验，让我不断有新的惊喜，并获得更深入的认识。我希望你能像我一样从本书中得到如此多的收益。

Glenn Cole

① 该章译文可在图灵公司网站本书配套网页下载。——编者注

致 谢

特别感谢 Glenn Cole，他精心审查了每一章，完成了本书的质量控制任务，还撰写了前言。

我要感谢我的家人，他们在本书写作期间曾给予我大力支持。每个晚上和周末我都忙于编写这本书而不能陪伴他们，对此他们毫无怨言，给予了我毫无保留的爱。

感谢我的朋友 Ronada Wanner、Lenny Ramirez、Cesar Otero 和 Luis Pulido，谢谢他们对我的鼓励和信任。

如果没有 Apress 出版社众多工作人员高超的专业水准，这本书绝无可能问世。非常感谢 Clay Andres，谢谢他相信我。感谢我们的项目经理 Grace Wong，她总是温和地提醒我即将到来的最后期限。感谢 Caroline Rose、Kim Wimpsett 和 Marilyn Smith，他们承担了编辑和审稿任务（由于他们的努力，我写的那一章的面貌大为改观）。感谢 Laura Esterman、Douglas Pundik 和 Glenn Cole，他们负责本书的排版工作，使每一章看起来都棒极了！还要感谢 Apress 的其他所有员工，谢谢他们为本书的出版所做的一切。

PJ Cabrera

目　录

Joachim Bondo

第 1 章　简化复杂游戏的用户界面：国际象棋游戏 Deep Green 成功之路 …… 3

1.1 复杂的用户界面 …… 4
1.2 为什么要考虑简单性 …… 6
1.3 如何获得简单性 …… 6
1.3.1 提取核心要素 …… 7
1.3.2 改善图像 …… 8
1.3.3 让用户集中注意力 …… 9
1.3.4 深入挖掘 …… 10
1.3.5 简单就是美 …… 12
1.3.6 为用户赋予能力 …… 14
1.3.7 让用户微笑 …… 15
1.4 小结 …… 16

PJ Cabrera

第 2 章　基于 REST 式网页服务的响应式社交游戏 …… 19

2.1 社交网络游戏和 iPhone …… 20
2.2 创建原型高分网页服务 …… 21
2.2.1 创建高分 Rails 应用程序 …… 22
2.2.2 使用 REST 式 XML 网页服务 …… 24
2.3 在 iPhone 上显示高分 …… 26
2.3.1 创建 UI …… 27
2.3.2 连接网页服务 …… 32
2.3.3 解析 XML …… 37
2.3.4 在表视图中显示高分 …… 41
2.4 向网页服务提交高分 …… 43
2.5 提交用户成就 …… 46
2.6 引入 ObjectiveResource …… 46
2.6.1 使用 ObjectiveResource …… 47

2.6.2 用 ObjectiveResource 提交高分…… 50
2.7 小结…… 50

Aaron Fothergill

第 3 章 使用标准 C 的快速游戏开发…… 53
3.1 起步…… 55
3.2 创建工程…… 57
3.3 解决保存游戏问题…… 64
3.3.1 如何保存…… 65
3.3.2 如何轻松保存…… 65
3.4 Space Hike：具体应用…… 70
3.4.1 渲染循环和基本组织…… 70
3.4.2 游戏逻辑总览…… 72
3.4.3 绘制和处理游戏…… 73
3.4.4 改进游戏…… 84
3.5 小结…… 84

Brian Greenstone

第 4 章 Brian Greenstone 实现游戏优化的必要工作…… 87
4.1 内存问题…… 88
4.2 你懂 C 吗…… 89
4.2.1 标准 C 是最好的…… 89
4.2.2 Cocoa 与 Core Foundation…… 90
4.3 编译器优化…… 90
4.3.1 Thumb 指令集…… 91
4.3.2 编译器优化级别…… 93
4.3.3 优化函数调用…… 93
4.4 音频优化…… 94
4.4.1 流式音乐回放…… 94
4.4.2 OpenAL 的声音效果…… 95
4.5 OpenGL 优化…… 96
4.5.1 构造一个高效的 OpenGL 绘制上下文…… 97
4.5.2 避免状态改变…… 98
4.5.3 缩减纹理大小…… 99
4.5.4 使用压缩纹理…… 100
4.5.5 几何形状数据缩减…… 102
4.5.6 限制绘制调用数量…… 102
4.6 性能工具…… 103

4.6.1 使用 Instruments …… 104
4.6.2 使用 Shark …… 105
4.7 小结 …… 109

Olivier Hennessy 和 Clayton Kane

第 5 章 成功之道始于游戏设计文档 …… 113
5.1 游戏远景 …… 114
5.2 游戏设计文档 …… 114
5.2.1 标题 …… 115
5.2.2 游戏摘要 …… 115
5.2.3 游戏细节 …… 115
5.2.4 游戏设置 …… 116
5.2.5 游戏系统 / 引擎 …… 116
5.2.6 游戏玩法：控件和 UI …… 117
5.2.7 过关地图 …… 118
5.2.8 美学设计 …… 119
5.2.9 标题和信息屏幕 …… 120
5.2.10 声音效果 …… 120
5.3 从远景到现实 …… 120
5.3.1 创建真实人工智能的技巧 …… 121
5.3.2 iPhone 设计的挑战 …… 122
5.4 游戏开发技巧 …… 124
5.4.1 Solitaire Top 3 …… 124
5.4.2 Backgammon …… 124
5.4.3 Pool …… 125
5.4.4 Kaleidoscope …… 125
5.4.5 Shake N' Break …… 125
5.4.6 Bikini Hunt …… 127
5.4.7 YoYo …… 127
5.4.8 Apache Lander …… 127
5.5 小结 …… 128

Michael Kasprzak

第 6 章 多平台游戏开发：面向 Linux 和 Windows 的 iPhone 游戏 …… 131
6.1 Smiles 的开发：一组智力游戏 …… 132
6.2 跨平台和可移植性 …… 136
6.2.1 编写可移植代码的原因 …… 136
6.2.2 为什么不编写可移植代码 …… 137

6.3 彻底的可移植性 137
6.3.1 经典游戏循环 138
6.3.2 实际游戏循环 139
6.3.3 帧与刷新速率 141
6.3.4 Work 与 Draw 帧代码 141
6.4 与事件驱动操作系统合作 142
6.4.1 准备跟踪触控 142
6.4.2 跟踪触控 143
6.4.3 游戏循环中模拟触控和释放事件 145
6.5 跳帧 147
6.5.1 创建一个 Unix 系统时间库 148
6.5.2 使用 UnixTime 库实现跳帧 152
6.6 倾斜和触摸物理示例 154
6.6.1 物理模拟示例的游戏代码 154
6.6.2 可移植性的更多考虑 160
6.7 小结 161

Mike Lee

第 7 章 代码优化——来自 Mike Lee（“世界上最顽强的程序员”） 165

7.1 第一代：粒子效果 166
7.2 全局 167
7.3 第 2 代：烟与镜子 168
7.4 过早优化 170
7.4.1 构建效率 170
7.4.2 代码效率 172
7.4.3 算法效率 174
7.5 第 3 代：鲨鱼出动 175
7.6 保持冷静 177
7.7 第 4 代：更巧妙的优化 178
7.8 特定于应用程序的优化 179
7.9 小结 182

Richard Zito 和 Matthew Aitken

第 8 章 网络化游戏：正确地选择 185

8.1 多人游戏网络化选择 186
8.1.1 通信是关键 186
8.1.2 局域网游戏中引入“Bonjour” 193
8.1.3 绘制到屏幕 202
8.2 井字游戏示例 203
8.3 小结 214

Joachim Bondo

所在公司：Cocoa Stuff（一人店）

位置：丹麦，哥本哈根

开发经历：我拥有27年创建和运营小型软件开发公司以及使用多种编程语言（如BASIC、COMAL 80、Pascal、C、C++、Objective-C、SQL、NewtonScript、PHP、JavaScript和Bash）开发软件的经验，曾经用过很多环境，包括THINK C和Think Class Library（TCL）、Macintosh Programmer's Workshop（MPW）、Metrowerks CodeWarrior和PowerPlant、4th Dimension、Newton Toolkit（NTK）、Sybase、MySQL、TextMate、Xcode、Cocoa，以及Cocoa Touch。我用过的平台有Mac OS 3–8、Newton OS、Palm OS、Unix（FreeBSD和Mac OS X）、Mac OS X Panther和Leopard，以及iPhone OS。

iPhone开发经历：从Apple官方iPhone SDK发布那一天就开始使用，并开发了一个国际象棋游戏——Deep Green。

本章内容：本章重点强调如何创建漂亮、优雅且强大的用户界面，文中未夹杂任何代码，而是用平实的语言介绍哪些重要方面促使Deep Green成为App Store的一个成功应用程序，并得到Apple“热门排行”（What's Hot）和“推荐排行”（Staff Favorites）等多个栏目的重点推荐。

关键技术：

- 用户界面设计
- 简单性
- 产品说明

第1章

简化复杂游戏的用户界面：国际象棋游戏Deep Green成功之路

Deep Green 发布那一天，Daring Fireball 的 John Gruber 引用了我的以下说法：

> 我已经购买了所有 iPhone 国际象棋应用程序，在对它们进行比较时我发现，Deep Green 提供的功能与其他应用程序并无不同，可能有时稍多一点，不过用户界面极其简洁。正是为了做到这一点，Deep Green 比其他应用程序的推出要晚 4 个月。

要创建一个成功的应用程序，需要从一开始就做出明智的设计，否则会误入歧途。这一章将与大家分享我的一些设计决策，正是这些决策最终让 Deep Green 大获成功——不论是十年前还是现在。

具体来讲，我会从 UI（User Interface，用户界面）的角度讨论简单性，而不是考虑底层代码的处理。实际上，这一章中你一行代码也看不到。

代码确实是应用程序的根基，不过更重要的是，人们往往通过 UI 来评判应用程序。如果不能提供与众不同的用户体验，你的应用程序就不太可能成功。

我坚信，简单性与成功通常紧密关联——在 iPhone 应用程序开发中尤其密不可分。

1.1 复杂的用户界面

1996 年购买第一个 Newton 时，我很快就意识到这样一个移动设备绝对是玩国际象棋的最佳“搭档”。可以随身携带，随时可用，而且总是有十足的耐心。

那个时期 Apple 产品还没有得到广泛采纳，而且当时开发人员只有几十人，而不是现在的成千上万。在那个时候，也就是 Newton 推出 3 年之后，还只有一个国际象棋应用程序而已。它的价格相当昂贵，性能却不怎么样，而且速度相当慢。从 UI 的角度来讲，简直毫不起眼。

到了 1997 年夏天，我完成了自己的国际象棋应用程序的最初构思。此前一年，IBM 的“深蓝”（Deep Blue）国际象棋计算机成为了第一个战胜当时的世界冠军 Garry Kasparov 赢得国际象棋比赛的机器。Newton 有绿色外观和屏幕，显然“深绿”（Deep Green）作为这个应用程序的名字非常适合。

1998 年初期，我发布了第一个公开的 beta 版本，如图 1-1 所示。

图 1-1 面向 Newton 的 Deep Green

用户反响很热烈，对 Deep Green 简单而强大的实现相当推崇。

这一类应用程序通常会用一种非常复杂而笨拙的方式实现，虽然制作会非常美观有趣，然而即使是 Apple 也可能会如此设计。这个应用程序中的走法都用动画完成，充分集成了 Newton 操作系统内置的手势（gesture），按当时的标准来看相当不错，还可以根据需要来回播放和设置游戏（见图 1-2）。

图 1-2 在 Newton 上运行的 Deep Green（分别为回放和设置模式）

仅仅几天之后，乔布斯彻底终止了 Newton 项目。

当时看起来，人们对 Deep Green 的兴趣并没有因此受到太大影响。不过，我知道这种情况不会持续太久，尽管我已经为将来的版本构思了很多想法，但这些想法很可能不会有机会实现了。

当时用户对 Deep Green 唯一的抱怨是过关太困难，即使是最低的一关都很难通过。采用 160 MHz StrongARM 的 Newton MessagePad 2000/2100 让用户觉得尤其费劲。这个引擎是用 C++ 编写的，而 UI 用 NewtonScript 编写。我不得不实现一个后来称为“专注度”（Concentration）的特性，使得专注度较低时引擎只能在较少的走法中选择（见图 1-3）。

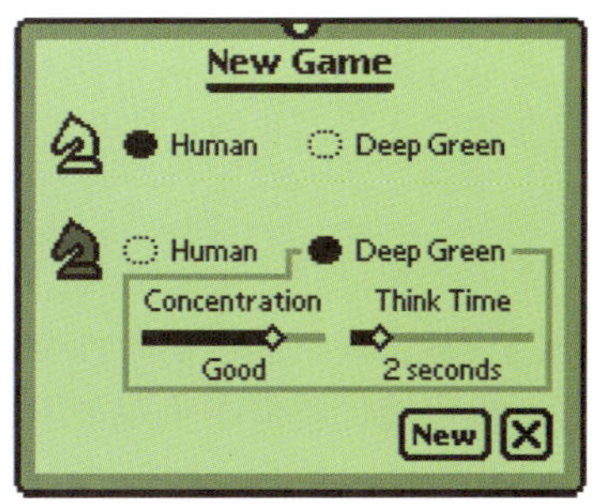

图 1-3 Newton 上 Deep Green 的新游戏“面板”

十年后，即 2007 年，乔布斯在 Macworld 会议上首次展示 iPhone 时，我立刻清楚地知道，这很快会成为我最喜欢的手持设备，我要为它开发 Deep Green。这一次，我认为乔布斯不会再突然中断支持了。

为此，我花费了整整一年的空闲时间——当然离不开我的家人一直以来的关心，最后面向 iPhone 和 iPod touch 的 Deep Green 终于得以问世。我认为，这个版本很好地传承了先前版本的优点，因为它们都有着共同的基本设计目标：简单性（见图 1-4）。

图 1-4 Newton（左图）和 iPhone（右图）上运行的 Deep Green，二者相差整整十年

在后面的小节中，我会具体介绍简单性。出于某些原因（后面将会具体解释），我相信，如果考虑为应用程序增加特性，那么最重要的就是简单性。请继续读下去。

1.2 为什么要考虑简单性

我会深入地讨论简单性，因为简单性一直以来都是 Deep Green 的总体设计目标，过去是，现在依然还是。我将软件开发中的简单性定义如下：

简单性 = 美观（外观如何）+ 优雅（工作如何）

也就是说，高度简单性要求高度的美观和优雅。你有可能开发一个美观但不优雅的应用程序，也可能优雅但不美观，不过要创建一个真正“简单化”的应用程序，需要尽可能提高美观性和优雅性，并充分加以结合。

那么，简单性为什么很重要？为什么作为开发人员的我们需要关心简单性？还有，为什么我们的用户关心简单性？实际上，我们之所以要考虑简单性正是出于这个原因：因为我们的用户很在乎。

不过，用户可能并不知道自己关心简单性。事实上，我相信大多数用户都认为自己想要的是功能特性。功能特性可以量化，可以度量，而且可以比较；用户正是借此来表述他们的需求。不过，尽管表面上是对功能特性的需求，实际上在其之下还隐藏着更为重要的需求。这就是控制。我相信，作为软件的用户，我们都希望有一种“一切在我掌控之中”的感觉。如果我们的确能够完全控制，就能更多地关注真正重要的东西，并有更多的时间真正享受快乐。简单性正是产生控制感的一种手段。

在我看来，对此一个很好的反例就是 Microsoft Word。它提供的功能特性数不胜数，但我猜想一般用户可能只会用到其中的 10%。你会发现自己一而再、再而三地迷失方向，因为无法找到你真正想要的那个特性——它被深埋在你不用的另外 90% 的特性中。Microsoft Word 提供了不计其数的工具条，而特定时刻哪些按钮才真正有用？这很难讲。你会发现自己经常需要到处查找所需要的功能。这就表示你已经失控，你得到的是一种不好的用户体验。

1.3 如何获得简单性

要开发一个简单化应用程序，需要找出应用程序中真正重要的东西。为此，需要有一个产品说明。产品说明就是用一句话来描述产品是什么。Deep Green 的产品说明如下：

一个面向休闲玩家的简单化国际象棋应用程序

这个产品说明，就是我从构思到设计和开发并直到最后发布及维护的整个过程中所遵循的指导原则；这就是我的指路明灯，整个开发过程中做出每一个决策时我都会坚决地依照它的指引。如果不确定是否要加入某个特性，或者不清楚应当把它放在应用程序中的哪个位置，我就会回过头来参考这个产品说明，明确是否增加这个特性以及将它放在哪里。

如果忽视了产品说明，就会对整个过程失去控制，当然也就失去了对 Deep Green 的控制，它将受制于在我控制之外的其他作用。

考虑到这一点，我会带你了解 Deep Green 的一些主要部分，并解释我那样做的动机，要知道正是这些做法最后促成了这个让我引以为傲的应用程序（见图 1-5）。

图 1-5 Deep Green 的应用程序图标

1.3.1 提取核心要素

这个产品说明中的关键字是：国际象棋、休闲和简单化。由此可以定义出主要功能和次要功能，以及可能的三级功能。主要功能应当由最主要的 UI 元素来支持，任何时刻用户都可以直接使用；使用次要功能则需要多加一个手势；三级功能甚至不应在 iPhone 应用程序中出现，不过如果确实需要，则应当对 UI 中更重要的其他部分隐藏。在 Deep Green 中，我把主要功能定义如下：

- 显示棋盘和棋子；
- 移动棋子；
- 重新开局；
- 悔棋；
- 显示上一步；
- 从引擎得到一个提示；
- 查看轮到谁走下一步。

这些就是以休闲方式玩国际象棋时总结出的功能。我希望制造一种与朋友在棋盘上下棋的感觉，这里的“朋友”就是 Deep Green。

次要功能定义如下：

- 设置棋局；
- 让游戏一次回退一步；
- 查看被吃掉的棋子；
- 双方交换。

在 Deep Green 中，所有这些功能只需多加一个手势，可能是一个轻击（tap）、轻扫

（swipe）或快速滑动（flick），或者是一个多指触控（multifinger）手势。

如果成功地定义了这些功能，并在设计和开发应用程序时能够谨记于心，与不加任何选择地把所有功能都挤在 UI 中相比，你更有可能得到一个真正简单化的应用程序。

1.3.2 改善图像

首先，必须对图像多做一点说明，因为启动 Deep Green 时首先映入用户眼帘的就是图像。遗憾的是，尽管我对图像的外观和质量有极高的标准，但我自己并没有能力制造出满足这一标准的图像。好在有人可以做到，而且我确实很幸运，有机会与日本的 Mikio Inose 共同完成 Deep Green 的图像制作。他坚持与我一同处理每一个细节，直到最后一个像素，甚至比我还要精益求精。

作为一个堪称高质量的应用程序，Deep Green 往往定价较高。为了让用户感觉物有所值，这种高质量必须反映在应用程序的各个层面上，从底层代码的质量，一直到 UI 对象（如棋子和棋盘）所使用的“材料”。

在 Deep Green 中，棋子设计成黑檀木和象牙材料，棋盘也是贵重木料。如果仔细看图 1-5 中的图标，你会看到黑檀木上的细微颗粒，甚至在棋盘上更小的棋子上也可以看到这些细小颗粒。象牙棋子甚至采用了也许不太为人所知的 Schreger 线，鉴赏家们就是利用这种 Schreger 线来区分象牙真伪的（见图 1-6）。

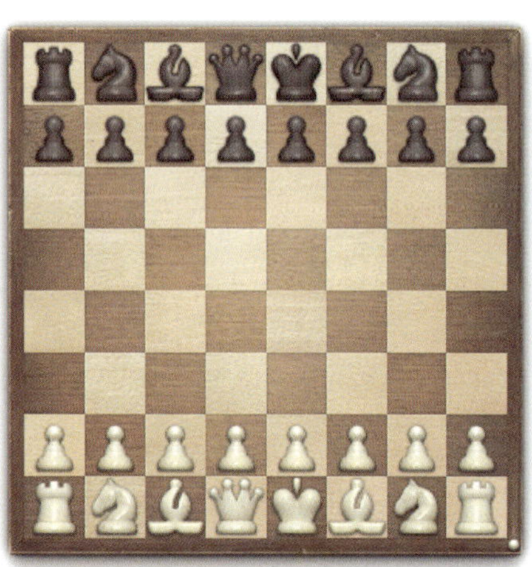

图 1-6 Deep Green 贵重木料棋盘上的黑檀木和象牙棋子

注意到这个版本与 Newton 版本的共同点了吗？棋子仍采用同样的字体，即 Adobe 的 Cheq 字体，或者更确切地讲，是 Alastair Scott 在 Cheq 字体之上开发的免费字体 Chess Regular。我还是希望延续十年前开始的创立品牌之路。

棋盘已经老旧，经过多年使用已经留有凹痕。没错，即便是偶尔玩玩也会让它磨损。棋盘可以翻过来，就像一个真正的棋盘一样，在背面你可以看到引擎，也有可能看到其他元素，视具体情况而定（见图 1-7）。

图 1-7 棋盘背面显示了引擎和印刻装饰

注意主齿轮上雕刻的文字——Cocoa Stuff, DENMARK。在能够看到的齿轮上方，还可以看见木头上雕刻有文字 Manufactured by Cocoa Stuff。在 1.3.7 节中还会更详细地介绍这个引擎。

1.3.3 让用户集中注意力

再来看产品说明，Deep Green 就是一个国际象棋游戏。仅此而已。它没有那些功能更丰富的桌面应用程序所拥有的修饰用配件。启动 Deep Green 时，会直接进入主视图，其中显示着放置有棋子的棋盘和工具条。这个视图很简洁，让人很舒服；一切准备就绪，就等游戏开始（见图 1-8）。

图 1-8 Deep Green 游戏的主视图

我甚至还设想过将工具条移出视线，给用户一种更为清静的体验。不过，我发现用户找不到任何东西时，并不会因为简单性而感到欣慰，相反更多的是困惑。要记住，我还是希望主要功能能够显示出来。

与我之前从 App Store 下载的其他国际象棋应用程序不同，Deep Green 中轻击和拖放手势都能移动棋子。在主屏幕上移动图标时，轻击棋子会让它产生摇晃效果。如果已经开始一个轻击式移动，仍然可以通过开始拖动或者轻击来移动这个棋子或者任何其他棋子；在这里无需像其他应用程序中那样设置首选项（我在一些应用程序中就见过要求设置首选项）。你只需用最自然的方式继续做你想做的事。我倾向于较短距离时使用拖放，距离较长时则使用轻击。实现起来不算太简单（当然也不像火箭技术那么高深），不过这是用户需要反复做的事情。作为开发人员，你必须多花些时间尽可能完善这种体验。

由于用户在棋盘上移动手指时手指会盖住和遮挡目标方格，我希望能提供帮助，以便在用户可识别当前所拖动的棋子的同时，可以看到指尖抬起时这个棋子将放置的位置。为此，我将棋子放大，稍稍上移，使它半透明以便能够看到底下的棋盘。与此同时，我还在原来的方格里留下所拖动棋子的一个半透明副本，从而可以明显地看出当前在拖动哪个棋子，另外这也显示出倘若在非法方格上松开，这个棋子将会回到哪个位置。

最后我还显示了水平和垂直基准，对指尖目前所在的方格给出反馈。如果下一步可以合法地移至当前方格，水平和垂直基准会用绿色突出显示；如果这一步不合法，则用红色突出显示基准（见图 1-9）。

图 1-9 将棋子拖动到一个合法方格（左图）或非法方格（右图）

注意工具条上左数第 2 个和第 3 个按钮。这两个按钮分别允许悔一步棋和显示上一步走法。按钮上会显示一个微缩的棋子，指示这一步走棋对应哪种类型的棋子。在图 1-9 中，它显示出如果轻击 Take Back（悔棋）按钮，会撤销上一步，这是棋子“相”所走的一步。

轻击 Show Last（显示上一步）按钮（在此是 Deep Green 的上一步走法），会显示棋子“后”的移动。这样一来，只需查看按钮，就能知道悔棋的后果以及 Deep Green 的上一步走法。通过这种方式加入主要特性，就不再需要增加难看的走法列表了。要记住，我所面向的是休闲玩家，这一类玩家可不愿意查看用代数符号表示的走法列表。

工具条上的第 4 个按钮是 Engine（引擎）按钮。轮到 Deep Green 走时，引擎会开始工作，齿轮开始转动。轮到你走时，轻击这个按钮，它会给出一步建议（当然齿轮也会转动，因为引擎也在努力地工作）。

1.3.4 深入挖掘

哪里有应用程序设置，哪里就有游戏设置。应用程序设置很少改变（可能只改变一次），要利用通用的 Settings 应用程序来维护。在 Deep Green 中，这些设置包括如何向玩家指示诸如“将军”、“将死”和“僵局”等事件（可以通过文字说明、声音和颤动来表示）、是否在棋盘上显示坐标、是否防止 iPhone 进入休眠状态等，如图 1-10 所示。

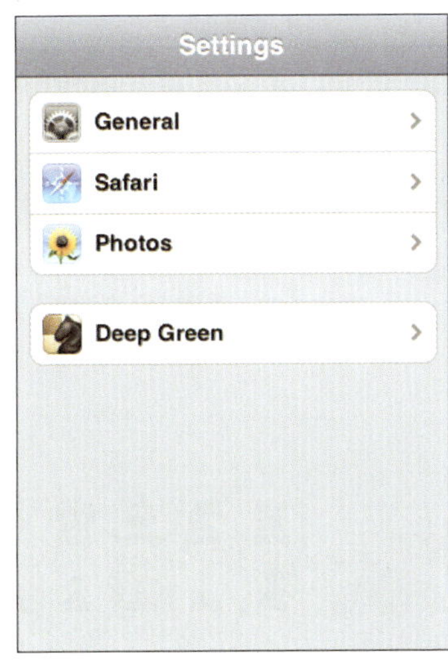

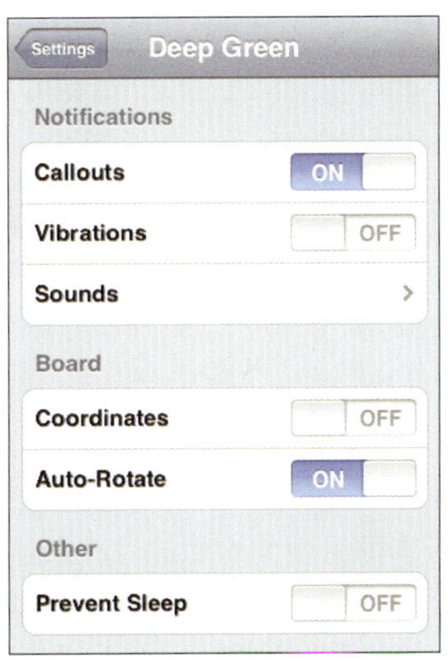

图 1-10 Settings 应用程序中显示的 Deep Green 应用程序设置

另一方面，游戏设置的改变则频繁得多，可能频繁到每次游戏都需更改。作为次要特性，这些设置只需多加一次轻击——它们也出现在应用程序中。

与台式机和笔记本相比，iPhone 的屏幕空间非常有限，Apple 在设计 iPhoneUI 时充分考虑了这一点。利用 iPhone，用户可以非常轻松地挖掘到所搜寻的信息，开始时会为你提供高层信息，通过轻击可以得到下一层信息。这正是 Settings 应用程序采用的做法，我也用完全相同的方式来实现 Game Info（游戏信息）视图。开始时，视图中会显示一些高层信息，如玩家和被吃掉的棋子（见图 1-11），从这里可以向下挖掘到三级信息，如游戏状态、目前王车易位可行性、回合数、半回合计数等。

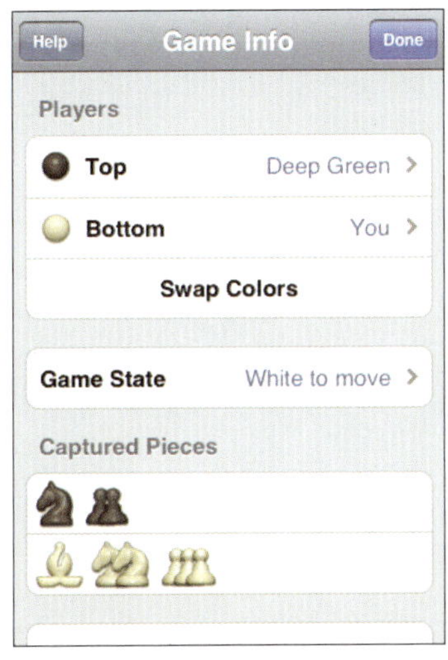

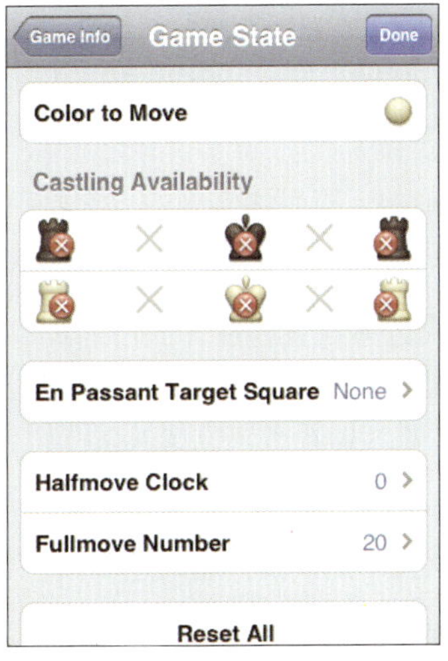

图 1-11 最高层 Game Info 视图显示次要信息（左图），Game State（游戏状态）显示三级信息（右图）

我选用了与 Settings 应用程序相同的实现，这样一来用户就会立即对这个 UI 感到得心应手，甚至就像是 Settings 中的表视图。遗憾的是，Apple 的 Cocoa Touch 框架中并未提供这些元素，所以我必须完成逆向工程来实现“像素完美处理”。

这里需要指出的关键是：以层次方式建立视图和信息的结构是得到简单性的另一个途径。与将所有信息全部同时提供给用户不同，我会以某种方式对信息进行简化或总结，由用户来控制他（她）想对哪一个方面做进一步研究，然后我才会提供相关方面的特定信息。

1.3.5 简单就是美

对于面向 iPhone 的第一版 Deep Green，我的目标是至少与 Newton 版本的特性集一致。这个版本中提供了 3 种模式：Play mode（游戏模式）、Setup mode（设置模式）和 Playback mode（回放模式）。这些模式分别提供以下功能：开始游戏、设置一个给定棋局（例如，从报纸或棋谱得来的棋局），以及在当前游戏中后退或前进。

在很多面向 iPhone 的国际象棋应用程序中，实现设置棋局的解决方案都是在原本已经很拥挤的视图中再“挤入”另一个视图，其中显示所有棋子、小箭头或小部件来指定游戏状态，如王车易位可行性、吃过路兵方格、轮走方，以及完全指示一个合法棋局所需的其他信息（见图 1-12）。

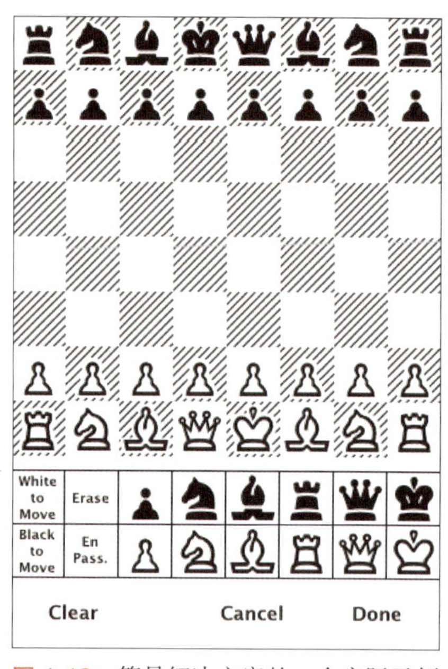

图 1-12　简易解决方案的一个实际示例

尽管这是一种很直接甚至很直观的方案，但其用户友好性并不好。虽然已经提供所有信息，但是要由用户来明确它们是什么意思。到处都是棋子，这很让人困惑，用户不清楚该做些什么以及该如何做。

在 Deep Green 中，我最终实现的方案是引入一个抽屉（drawer）。抽屉位于棋盘下方，会在需要时滑出。如图 1-13 所示，切换到设置模式时抽屉就会滑出，并提供不同的棋子。

尽管这种解决方案在直观性方面可能稍有欠缺，但它在简单性和功能方面却得到了很好的补偿。第一次看到这个抽屉时，用户总是不免要自问：白棋在哪里？不过要猜出白棋就在白色切换按钮下面并不太难（即轻击白色切换按钮就会看到白棋），我想猜出这一点不会需要太长时间。

在激起用户好奇心的同时，我不仅鼓励了他的参与，还使我自己得以去掉一大堆的累赘。用户不需要同时从抽屉向棋盘拖动白色和黑色棋子。

下面一部分很有意思；通过隐藏 UI，甚至可以提供更强大的功能。在这里，我是通过允许用户双击棋子来切换颜色做到的：如果棋盘上有一个黑色的“马”，你想把它变成白色，只需双击这个棋子。因此，可以很容易地先将所有棋子都置为同一种颜色，然后双击需要采用另一种颜色的棋子。如果双击抽屉中的一个棋子，抽屉中的所有棋子都会切换颜色（就像轻击了颜色切换按钮一样），如图 1-14 所示。

图 1-13 采用了简单化方案的 Deep Green

图 1-14 采用一种连锁反应式动画表示的正在从白色切换为黑色的抽屉棋子

最强大之处并不是这里有些什么，而是这里没有什么。这正是我的简单化方案。

设置游戏状态的解决方案是重用已有的 UI，即轻击 *i* 按钮得到的 Game Info 视图（如图 1-11 所示）。同样地，我去除了不必要的 UI，实现了一个可以同时玩游戏和设置给定棋局的设计，这样一来，既可以显示又可以设置游戏状态和信息。

说明

设置棋局最终的简单化方法当然是 FEN 串[①]；顺便说一句，这也是 Deep Green 在内部 API 中提供的选项之一。利用 FEN 串可以列出各个等级的棋子并追加游戏状态来指定棋局。图 1-14 中的棋局就是 `r4rk1/pppn3p/3b2p1/3b1Bq1/3P4/2P4P/P1Q2Pp1/RR4K1 w- - 0 20`。不过我认为，在 iPhone 的 UI 中使用这个方法对用户来说可能要求过高。

① FEN（Forsyth-Edwards Notation，福斯夫–爱德华兹记号法）是一种使用 ASCII 码字符描述国际象棋棋局的标准。FEN 以 19 世纪由报社记者 S. D. 福斯夫设计的棋局记录标准为基础，后来为了适合象棋软件的需要，由爱德华兹做了少许修改。——译者注

1.3.6 为用户赋予能力

除了 Play mode 和 Setup mode，最后一个模式是 Playback mode。采用这种模式时，可以在游戏中前进和后退，还可以在任意棋局基础上继续。

这里，我也采用了一种与目前面向 iPhone 和 iPod touch 的其他国际象棋应用程序稍有不同的方法。这些应用程序看起来都没有提供一种显式模式，而只是允许隐式地撤销和重做。一方面，这样做直接明了，但是另一方面，这也有很大限制。

学习国际象棋时，除了亲自下象棋以外，还要经常研究其他人的棋局。作为用户，你肯定希望在不悔棋的情况下逐步走完一盘棋来从中学习。悔棋重下与后退前进有一个很大的区别——悔棋重下会改变一盘棋的结果，而后退前进对结果没有影响。

图 1-15 Playback mode 提供了直观的 UI

我在 Deep Green 中甚至更进一步，不仅允许用户单步前进或后退，还允许用户直接跳到开局和终盘，甚至支持按顺序动画演示走法来自动重放一盘比赛——就像播放一个视频让用户坐在一边欣赏。所有这些操作都会平滑地以动画演示棋子的动作（见图 1-15）。

在我们熟悉的抽屉中，甚至还有一个滑块允许你依据即时反馈前后滑动。拖动滑块时，棋盘上的棋局会立即自行更新来反映给定的棋局。这样一来，你可以迅速跳至比赛的某个阶段，并利用前进后退按钮对棋局进行微调。

我自己就经常这样做，这个反馈很有意义。你会认为自己已经全盘操控，感觉这个设备和应用程序的功能非常强大，因为 Deep Green 能立即做出反应。

总之，回放一盘比赛属于次要功能，不能与主要功能“撤销一步走法”相混淆（Play mode 中工具条上专门有一个按钮用来完成这个撤销功能）。由于这是一个次要功能，所以需要多做一个手势。

进入 Playback mode 最容易的方法就是用手指在棋盘下面要出现抽屉的位置上迅速向右滑动。在内置的 Photos 应用程序中，手指在一个照片上向右迅速滑动会以动画形式播放上一个照片——就像是回到了过去。在 Deep Green 中进入 Playback mode 也像是时光倒流，它允许你研究以前的走法。

在 Photos 中向左迅速滑动则会向前显示下一个照片。Deep Green 中也是如此，因为向左迅速滑动会带你进入 Setup mode，以便设置接下来的棋局。

1.3.7 让用户微笑

就像真实世界中的棋盘（以及很多其他东西）一样，Deep Green 中的棋盘也有背面。手指从棋盘一边向中心迅速水平滑动时，棋盘会按滑动的方向翻转到背面（见图 1-16）。

处于 Play mode 时，背面会显示被吃掉的棋子，还会给出国际象棋引擎的一个表示。有引擎的棋盘背面实际上只是一个噱头。它并没有太多功能，最多只是重复了 Game Info 视图中现有的功能——显示被吃掉的棋子。

没有具体功能的 UI 可以归类为多余的元素，这正是本章一直抵制的东西。那么，我到底为什么会把图像设计人员一半的预算都用在这些多余元素上呢？也许我也不清楚，但事实并非如此。我当然知道为什么，因为在要求设计人员制造这个引擎之前我曾花费大量时间和精力来考虑它。

图 1-16 棋盘背面显示了被吃掉的棋子（这个引擎的图像文件包含大约 600 个图层，而且齿轮确实能转动）

Macintosh 平台的很多方面我都很欣赏，其中之一就是创意无限的开发人员在软件中增加的那些千奇百怪的小玩艺，这些小东西既让我们惊奇，也让我们微笑——也许只是某一天让我们觉得新鲜，也可能用过几个月后仍让人不由得会心一笑。如果你没有尝试过，可以试试看；按下 Alt 键的同时在你安装的应用程序中四处点击，结果肯定会让你无比惊讶。

我希望 Deep Green 也能如此，因为我自己就很喜欢这些隐藏的特性，特别是如果它们在某些方面还有用处。另外，尽管可以在 Game Info 视图中看到被吃掉的棋子，但就个人来说，我宁愿快速翻转棋盘，然后再翻回来继续游戏。再次说明，这是一个次要功能，需要多做一个手势，我不希望它破坏主布局的美感。

所以，除了有一定用处外，它也让你感觉可以真正触控和影响棋盘——我的意思是说，你可以通过棋子来影响棋盘。

机械引擎的设计显然与 Deep Green 国际象棋引擎的人工智能没有任何关系，它在一个 3D 应用程序中构建并渲染成位图，最后成了一个几乎包含 600 层齿轮、阴影和其他效果的

Photoshop 文件。在此基础上再通过手工完成像素完美化处理。由于使用了 3D 模型，这些齿轮可以产生转动效果——它们确实可以转动。如果在 Deep Green“思考”时翻转棋盘，会看到齿轮转动的动画。让 Deep Green 与 Deep Green 对局时，可以把棋盘翻过来，查看齿轮的转动，随着游戏的进行棋盘背面还会显示被吃掉的棋子。

希望它能让你露出微笑（反正对我来说总是很奏效）。

1.4 小结

这就是我关于如何开发一个成功应用程序的总结。不论是十年前还是今天，这都是一个成功的应用程序。我相信这至少可以阐明 Deep Green 得到了 App Store 多个栏目（如 What’s Hot 和 Staff Favorites）推荐的部分原因。对我来说，要为应用程序增加特性，最重要的就是简单性。这是提供一流用户体验的必要前提。

希望在我的鼓励下，你敢于将产品说明中作为次要功能和三级功能的特性省略，并能认识到在 UI 上花费大量的时间甚至金钱确实是明智的投资。

PJ Cabrera

所在公司： FoneGears Systems 公司

位置： 波多黎各，维加巴哈

开发经历： 我在计算机编程和软件工程领域已有超过 12 年的工作经验，使用过的语言有 C、C++、Python、PHP、Java 和 Ruby on Rails。我曾做过多种行业的咨询顾问，如纺织制造、物流配送、商业保险、通信、医药和金融，还曾做过美国州级政府机构的顾问。

iPhone 开发经历： 目前正在开发两个游戏和一个实用工具应用程序，本书出版时这些应用程序应该已经公开发布。

我使用 Inksc ape、GIMP、Pixelmator 和 Blender 来创建图像和图标，并使用 cocos2d 和 SIO2 交互游戏库编写面向 iPhone 的游戏。

本章内容： 这一章充分证明了，使用社交网络特性的游戏不只是能让用户在游戏中享有片刻的快乐，还允许用户与别人分享游戏经验，创建一个游戏社区。这里会深入分析在 iPhone 上内置集成“高分告示牌”和“成就”等网页服务的细节问题。

关键技术：

- REST 式网页服务
- NSURLConnection
- NSXMLParser
- ObjectiveResource

第2章

基于REST式网页服务的响应式社交游戏

1978 年我第一次玩视频游戏时，那绝对是一次颇具社交性的经历。我的邻居 Reyes 一家圣诞节时买了一个 Atari 2600 控制板，晚上邀请我家一起玩。那些古老的游戏（Pong、Combat、Backgammon 和 Othello）至今还活灵活现地印在我的脑海里，这种变革性的全新体验永远地植根在了我的记忆中。（也许更早以前也有过变革性体验，但是因为我的记忆力欠佳，之前的那些体验都已经忘记了。）

那时我只有 8 岁，不过记得当时我一直在想，“这肯定就是我在电视上听说过的计算机。我想知道它们到底是怎么工作的！我真想知道怎样制作像这样的游戏！”就像所有沉迷于某种爱好的 8 岁男孩子一样，我被计算机深深地迷住了，满脑子想的都是计算机如何工作。其他孩子还在梦想着恐龙和重型施工设备，而我梦见的却是 CPU 和用 BASIC 和十六进制实现的算法。（我那时确实是个奇怪的小孩。）真没想到，起初这只是一个爱好，后来却变成了我在计算机编程和软件工程领域从事的职业。

尽管按当今的标准来看 Atari 的声音和图像有些古怪，但显然它们对我产生了深远的影响。当时没有人见过那样的东西——当然，也许在科幻电影里看到过，但在现实中（比如说就在他们的客厅里）从不曾见过。不过，回忆 20 世纪 70 年代末那些美好的夜晚时，我能记住的并不是电视屏幕上有些什么，而是与我们一同游戏一同享受这个奇妙电子产品的 Reyes 一家。

不过后来视频游戏却渐渐缺失了这种社交因素。随着时间的推移，在人们印象里，游戏玩家通常就是一些孤僻的、不擅交际的人。不过不时也有一些具有社交因素的游戏东山再起，比如 MUD 或 MMO，以及最近社交网站上的游戏。

这一章，我们将研究如何创建一个具有社交网络特性的 iPhone 内置游戏。你将了解到有哪些可能性，这会对你很有帮助，在开发自己的游戏时能够于此处得到很多启发。

2.1 社交网络游戏和 iPhone

过去十年里，因特网的使用已经广泛延伸并成为主流，因为提供因特网支持的计算机和宽带网访问已经变得更为廉价。目前引领潮流的是所谓的社交网站（social networking site）。在这类网站上，用户可以与家人、朋友、熟人和同事分享链接、日志、照片、音乐和视频。更具创新性的社交网络还提供了一个可扩展的 API，其他应用程序提供者可以通过这个 API 更进一步扩展这种社交性体验，其中很多第三方扩展都可以归入游戏一类。

利用与移动数据网络所保持的互联性，iPhone 可以将用户带入网络运用的一个新层次，因为用户不再局限于在他们的书桌上、客厅、书房或者厨房里使用网络。如果持有 iPhone 的人愿意，他们完全可以随时随地在 Web 上消磨时光。

当然，其他电话也能够连接到 Web，有些甚至允许另外安装应用程序来扩展其内置的功能。它们与 iPhone 的区别在于，尽管先前这些智能电话的拥有者只要愿意都可以使用他们的电话上网，但 iPhone 的用户则更享受即时遨游于 Web 的乐趣。而且 iPhone App Store 为 iPhone 拥有者提供了成千上万的应用程序，这些应用几乎可以触及 Web 的每一部分，为之而来的是一种 iPhone 优化的用户体验。

不过 iPhone 游戏却是这种延伸的一个例外。很少有 iPhone 游戏能够提供超越电话自带游戏的更优化体验。对于大多数 iPhone 游戏，玩过一轮后，游戏体验就告结束，直到你开始下一轮游戏；对于你挣得的分数不会做任何处理；除非你自己告诉别人，否则没有人会知道你曾经连过 5 关而没有丢过一条命。你的 iPhone 对此当然不会关心。

但是，如果 iPhone 确实关心呢？

创建自己的 iPhone 游戏时，我希望能够与众不同。我很清楚自己只是程序员，而不是图形设计专家。我不打算创建一个拥有华美图像的“大型专卖店”。（至少，相对于目前来讲，如果没有更多帮助和更大预算，我不会这么做。）也许我永远不会创造某个巧妙、独特、好玩的游戏元素，让我的游戏独树一帜。

回想与 Reyes 一家最早接触视频游戏所留下的记忆，我确定了自己游戏中标新立异的要素：这就是在游戏中实现社交性。玩我的游戏时，你的 iPhone 会注意到你是否已经连过 5 关而没有丢过一条命，并提供让你骄傲地向整个网络宣布的工具！

大多数 iPhone 游戏都为用户提供了一个高分告示牌，用户可以在这里看到自己以及其他玩家在游戏中的表现。少数游戏还会提供一个论坛，iPhone 用户可以在这里与其他玩家分享游戏经验，共享某些特定关的冲关秘笈，或者只是与别人谈论这个游戏。这固然不错，不过我们还可以做得更好。

就像对待初学者一样，如果用户完成了游戏中的某些特定目标，可以对他们给出奖励，并支持这些用户向别人分享成就。图 2-1 显示了 Trism，这是一个流行的 iPhone 游戏，它的一个突出特点就是能够显示成就。

图 2-1 Steve Demeter 开发的 Trism 游戏是 match-three 游戏的一个独特变种，玩家完成游戏中的特定目标时会得到奖励。很少有 iPhone 游戏提供类似特性

在一些游戏中，要想连过几关而不丢一条命非常困难。玩家确实做到这一点时，如果你能对他们给予奖励，那对玩家来说就感觉很棒。如果在你的游戏中实现了社交网络特性，那么不仅能够为用户提供奖励，还能支持他们在自己的 MySpace 或 Facebook 个人信息中添加一个小部件，以此向全世界宣告他们目前的最高分以及已经取得了怎样的成就。

要完成这个特性，可以建立一个网页服务，让你的 iPhone 游戏连接到这个网页服务，向它发出请求，让它记录高分以及奖励给玩家的成就。然后，另行建立一个 JavaScript 或 Flash widget，它将连接到你的网页服务，并显示用户的当前最高分和所挣得的成就。

因为这是一本关于 iPhone 的书，所以我不打算对建立 JavaScript 或 Flash 小部件的有关细节过于深究。不过，可以首先来看一个简单的网页服务（包括连接到这个网页服务的 iPhone 代码），然后从游戏直接向这个网页服务提交信息。在后面几节，我将描述如何实现一个简单的高分网页服务，并介绍连接这个网页服务以及获取前 100 个高分的内置 iPhone 代码。

2.2 创建原型高分网页服务

这里并非从定制网络协议从头开始用 C 或 C++ 编写一个高速的服务器，我决定建立一个 REST 式网页服务存储用户名、高分，以及实现游戏社交网络特性所需的其他信息——利用 Rails 可以很快而且很容易地实现。

利用 Rails，只需几分钟就可以创建一个作为原型的 REST 式网页服务，然后逐步改善，将其改进为最终形式。我知道，这不只是一个一次性的、可以随意丢弃的玩具网页服务。但本书的重点在于 iPhone 实现细节，而不是介绍 Rails。

在这里，我只会介绍创建这个网页服务必要的基本步骤。这个简单的高分网页服务将取得用户名和当前高分，并把这些信息存储在一个庞大的列表中。这里不考虑登录和其他安全问题。

2.2.1　创建高分 Rails 应用程序

要开发 Rails 应用程序，所需要的只是 Rails 和一个支持数据库。如果使用 iPhone SDK 进行开发，必须有 Mac OS X 10.5.5（Leopard）或之后版本。很幸运，Leopard 已经安装有 Rails 和 SQLite 3。如果你有从 Mac OS X Terminal 应用程序使用命令行的一些基本知识，就可以开始使用 Rails 了。

首先，将 RubyGems 和 Rails 更新到最新版本。打开 Terminal，键入以下命令（可能会提示你输入 Mac OS X 口令）：

```
sudo gem install rubygems-update
sudo update_rubygems
sudo gem install -y rails
```

这会更新 RubyGems 和 Rails 以及它们的依赖包（如果还没有这些依赖包）。

接下来，将目录切换到通常用来存储工程的位置。输入以下命令创建一个目录（将在其中存储这个工程的所有内容），并切换为当前目录：

```
mkdir iPhoneGamesProjects; cd iPhoneGamesProjects
```

然后如下创建一个骨架 Rails 应用程序，名为 `simple_high_score_service`：

```
rails simple_high_score_service
```

将目录切换至新创建的这个 Rails 应用程序：

```
cd simple_high_score_service
```

现在创建 Rails 控制器、视图和模型来处理用户高分和用户名：

```
script/generate scaffold highScore \
score:integer full_name:string
```

最后，由 Rails 创建数据库，你的 Rails 模型将存储在这个数据库中：

```
rake db:migrate
```

不论相信与否，只需几分钟，你就有了一个作为原型的高分网页服务。键入以下命令运行这个 Rails 应用程序：

```
script/server
```

现在打开网页浏览器访问 localhost:3000/high_scores，看看这几分钟的工作成果。

网页浏览器会显示一个不太好看的网页应用程序，其中存储用户的名字和最新高分。对应每一对名字和高分会存储一条记录。Rails 生成的默认代码将按数据库中的存储顺序列出这些记录，导航稍有欠缺，不过这确实是一个不错的可用原型。最棒的一点是它实现了完整的 XML 网页服务，而无需你做任何额外工作。

我在其中输入了几个分数，图 2-2 显示了在此之后这个简单的高分网页服务的结果。

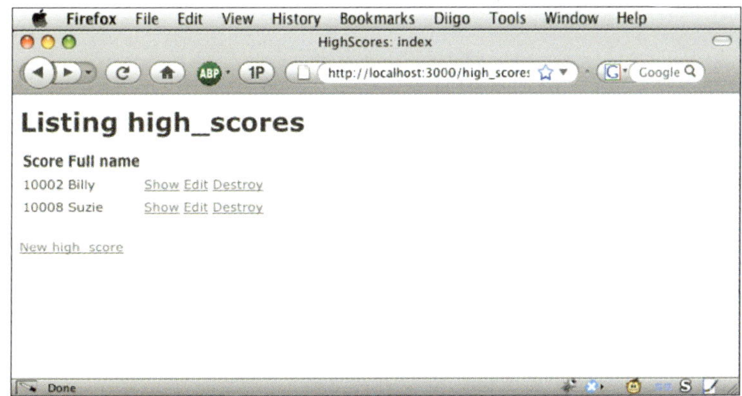

图 2-2 简单的高分网页服务（输入了几个分数之后）

高分告示牌通常显示为前 100 个分数按降序排列的列表。下面对以上网页服务代码做一些修改来实现这一点。在目前仍在运行的 Terminal 会话中，输入以下命令：

```
$ script/generate controller Top100Scores index
```

这会创建一个骨架控制器——名为 Top100Scores，它有一个空的动作和视图，视图名为 index。

在你喜欢的文本编辑器中打开新的控制器文件 simple_high_score_service/app/controllers/top100_scores_controller.rb，然后将整个内容替换为代码清单 2-1 中的代码。

代码清单 2-1 top100_scores_controller.rb 的新内容

```
class Top100ScoresController < ApplicationController
  # GET / top100_scores
  # GET /top100_scores .xml
  def index
    @high_scores = HighScore.find(:all, :limit => 100,
        :order => 'score desc')

    respond_to do |format|
      format.html # index.html.erb
      format.xml  { render :xml => @high_scores }
    end
  end
end
```

这个代码按降序从数据库抽取前 100 个高分，并根据所请求的格式显示为 HTML 或 XML。如果请求 URL 中没有指定任何格式，则默认为 HTML。

接下来，在文本编辑器中打开文件 simple_high_score_service/app/views/top100_scores/ index.html.erb，然后将整个内容替换为代码清单 2-2 中的代码。

代码清单 2-2 index.html.erb 的新内容

```
<h1>Top 100 high scores</h1>

<table>
  <tr>
    <th>Score</th>
    <th>Full name</th>
  </tr>

<% for high_score in @high_scores %>
  <tr>
    <td><%=h high_score.score %></td>
    <td><%=h high_score.full_name %></td>
  </tr>
<% end %>
</table>

<br />
```

这个代码只是在一个简单的 HTML 表格中显示前 100 个高分，包括具体分数和相应玩家的全名。

最后，在文本编辑器中打开文件 simple_high_score_service/config/routes.rb，并增加代码清单 2-3 中标为粗体的代码（第二行后面）。其他代码不要做任何改动；只需把显示为粗体的代码插到 high_scores 的资源映射后面。

代码清单 2-3 对 routes.rb 的修改

```
ActionController::Routing::Routes.draw do |map|
  map.resources :high_scores
  map.connect 'top_100_scores', :controller => 'top100_scores',
    :action => 'index'
  map.connect 'top_100_scores.xml', :controller => 'top100_scores',
  :action => 'index', :format => 'xml'
```

如果现在在浏览器中访问 localhost:3000/top100_stores，你会看到按降序列出的分数。

到目前为止，这个原型网页服务并没有占用太多工作，不过由于这并不是一本关于网页或 Rails 开发的书，所以了解以上内容就足够了。现在来讨论这个 Rails 应用程序如何作为 REST 式 XML 网页服务工作。

2.2.2 使用 REST 式 XML 网页服务

REST（representational state transfer，表述式状态传输）是一种构建分布式系统（如网页服务）的方法。REST 式 XML 网页服务利用了 HTTP 协议的简单性在客户和服务器之间通信。对象被串行化为 XML 来传输（最近 JSON（JavaScript Object Notation，JavaScript 对象表示）变得相当流行，不过这不是本书要讨论的主题）。使用 REST 可以简化实现，因为没有必要一切从头开始。既然已经有简单的 HTTP 和 XML 可以满足我们的需要，又何必去创建复杂的网络代码让自己痛苦不堪呢？

请求一个 REST 式网页服务时，对于你希望获取的实体，要向表示该实体的 URI 发送一个 HTTP `GET` 请求。例如，可以向 http:// localhost:3000/high_scores.xml 发出一个 `GET` 请求，服务器会做出响应，发出数据库中所有高分的一个 XML 表示，如代码清单 2-4 所示。

代码清单 2-4　对高分网页服务 http://localhost:3000/high_scores.xml 请求的示例结果

```
<high-scores type="array">
    <high-score>
        <created-at type="datetime">
                2009-01-12T23:45:18Z
        </created-at>
        <id type="integer">1</id>
        <full_name type="string">
                Billy
        </full_name>
        <score type="integer">10002</score>
        <updated-at type="datetime">
                2009-01-12T23:45:18Z
        </updated-at>
    </high-score>
    <high-score>
        <created-at type="datetime">
                2009-01-12T23:48:03Z
        </created-at>
        <id type="integer">2</id>
        <full_name type="string">
                Suzie
        </full_name>
        <score type="integer">10008</score>
        <updated-at type="datetime">
                2009-01-12T23:48:03Z
        </updated-at>
    </high-score>
</high-scores>
```

如果只希望得到一条高分记录的详细信息，可以发送一个 HTTP `GET` 请求指示这条记录的 ID。例如，如果向 http://localhost:3000/ high_scores/1.xml 发出一个请求，服务器会做出响应，返回 ID 为 1 的高分记录的 XML 表示，如代码清单 2-5 所示。

代码清单 2-5　对高分网页服务 http://localhost:3000/high_scores/1.xml 请求的示例结果

```
<high-score>
    <created-at type="datetime">
            2009-01-12T23:45:18Z
    </created-at>
```

```
    <id type="integer">1</id>
    <full_name type="string">
            Billy
    </full_name>
    <score type="integer">10002</score>
    <updated-at type="datetime">
            2009-01-12T23:45:18Z
    </updated-at>
</high-score>
```

REST 支持大多数数据库应用程序所需的操作。除了从网页服务获取值，REST 还提供了“动词”（verb）来提交新数据、做出更新，以及删除记录。可以如下管理记录。

> 创建一个新的高分记录：向 http://localhost:3000/high_scores.xml 发送一个 HTTP POST 请求，并提供这个新高分的 XML 数据表示。服务器会以 XML 格式的高分数据表示作为回应，其中包括这个新记录的 ID 以及 created_at 和 updated_at 日期时间戳。

> 更新一个高分记录的数据：发送一个 HTTP PUT 请求，其中包含要更新记录的 ID。例如，要更新 ID 为 1 的记录，需要发送 http:// localhost:3000/high_scores/1.xml，并提供修改后记录的 XM 格式数据表示。服务器会响应修改后记录的 XML 表示，其中包含 updated_at 日期时间戳。

> 删除一个高分记录：向关联该记录表示的 URI 发送一个 HTTP DELETE 请求（不需要所删除记录的 XML 表示）。例如，要删除一个 ID 为 1 的高分记录，需要向 http://localhost:3000/high_scores/1.xml 发送一个 HTTP DELETE 请求。服务器只以一个报告的形式给出响应，指出这个删除操作是否成功，并提供 HTTP 响应状态码 200。

再次说明，由于这不是一本关于网页服务的书，我只是对 REST 式网页服务做了一个简要的介绍。接下来讨论 iPhone SDK 的有关内容。

2.3 在 iPhone 上显示高分

我们的目标是实现一个小的示例应用程序，显示由上一节创建的原型网页服务得到的前 100 个高分。具体包括 4 个步骤。

- 创建 UI。需要创建 Xcode 工程，在 Interface Builder 中组装 UI，编写代码处理这个 UI，并声明代码所需的变量。
- 连接到网页服务，要使用 NSURLConnection 从网页服务下载前 100 个高分。
- 解析 XML。要使用 NSXMLParser 解析 XML。
- 通知显示分数的表格，指出有一些新数据需要它处理，这会使 UI 向其数据源发送一个消息，并查询数据模型。

下面首先创建 UI 来显示高分。

2.3.1 创建 UI

我不会具体深入到创建 UI 的每一个细节。这里假设你已经使用 Xcode 创建过一些简单的 iPhone 应用程序。

说明

> 如果需要了解为 iPhone 应用程序创建 UI 的更多信息，可以参考类似 *Beginning iPhone Development*（Apress, 2008）等图书，或者众多 iPhone 开发博客上提供的教程。继续学习下面的内容之前，请至少仔细研究两部有关在 Interface Builder 中创建和连接 UI 元素的教程。

打开 Xcode，创建一个新工程，并选择 Navigation-Based Application（基于导航的应用程序）模板，如图 2-3 所示（我的 New Project 对话框包括一些定制的工程模板，所以你的对话框可能与图中显示的对话框并不完全相同）。Xcode 询问你的工程名时，可以命名为 ViewHighScores。

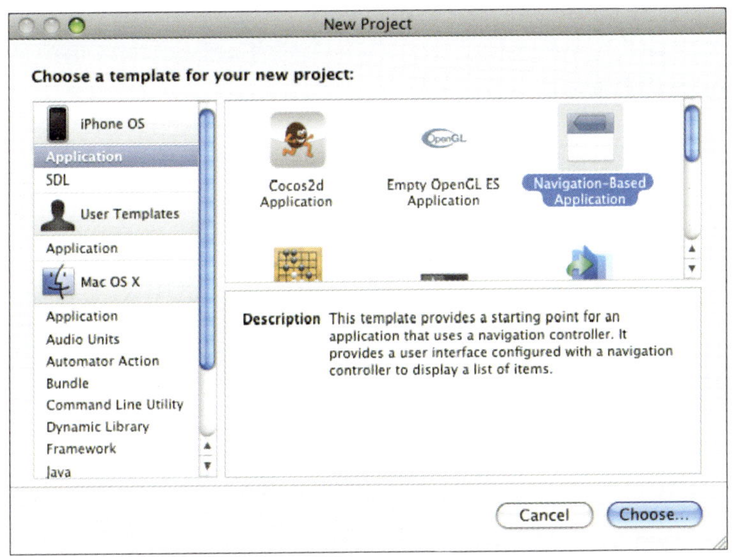

图 2-3 打开 Xcode 并创建一个新的基于导航的应用程序

一旦创建工程，需要对应用控制器和委托文件做一些修改。

1. 修改应用控制器和委托

在 Xcode 的 Groups and Files（组与文件）分区选择 ViewHighScores 下的 Classes 组。在文本编辑区上方，会看到 ViewHighScoresAppDelegate.h、ViewHighScoresAppDelegate.h、RootViewController.h 和 RootViewController.m 文件。

在文件列表中，选择 RootViewController.h，开始在列表下面的编辑区中编辑这个文件。代码清单 2-6 中标为粗体的代码显示了对这个文件做出的修改。确保将这个代码插入到 RootViewController.h 中正确的位置，完成后保存这个文件。

代码清单 2-6 对 RootViewController.h 接口代码的修改

```
#import <UIKit/UIKit.h>

@interface RootViewController : UITableViewController {
    UITableView *myTableView;
}

@property (nonatomic, retain) IBOutlet UITableView *myTableView;

- (void)reloadData;

@end
```

这个代码在 RootViewController 类中创建了一个实例变量——名为 myTableView，并为该变量建立了一个 IBOutlet 属性。Xcode 中采用这种方式将代码元素（如变量）与 Interface Builder 中的 GUI 对象相连接。还要声明一个名为 reloadData 的消息，它将用来导致 UITableView 从其数据源重新加载数据。

既然已经修改了 RootViewController 类的接口，现在需要修改 RootViewController 类的实现与其接口一致。在文件列表中选择 RootViewController.m 文件，把它加载到编辑区，仔细将代码清单 2-7 中标为粗体的代码插入到该文件中适当的位置，然后保存文件。

代码清单 2-7 对 RootViewController.m 实现代码的修改

```
#import "RootViewController.h"
#import "ViewHighScoresAppDelegate.h"

@implementation RootViewController

@synthesize myTableView;

- (void)reloadData {
    [myTableView reloadData];
}

- (void)viewDidLoad {
    [super viewDidLoad];
    self.title = @"View High Scores";
}
```

这个代码组合了代码清单 2-6 中声明的属性，定义了 reloadData 消息的相应代码，并设置了 RootViewController 的标题。

一旦完成 RootViewController.m 文件的修改，打开 ViewHighScoresAppDelegate.h 文件，并

用代码清单 2-8 中标为粗体的代码修改该文件。

代码清单 2-8 对 ViewHighScoresAppDelegate.h 接口代码的修改

```
#import <UIKit/UIKit.h>

@class RootViewController;

@interface ViewHighScoresAppDelegate : NSObject <UIApplicationDelegate> {

    UIWindow *window;
    UINavigationController *navigationController;

    NSMutableData *responseData;
    NSXMLParser *highScoresParser;
    NSMutableArray *highScores;
    NSMutableDictionary *newScore;
    NSString *currentKey;
    NSMutableString *currentStringValue;

    RootViewController *rootViewController;
}

@property (nonatomic, retain) IBOutlet UIWindow *window;
@property (nonatomic, retain) IBOutlet UINavigationController *navigationController;

@property (nonatomic, retain) NSMutableArray *highScores;
@property (nonatomic, retain) IBOutlet RootViewController *rootViewController;

- (void)getHighScores;
- (void)getHighScoresFromWebService:(NSString *)URLstr;
- (void)parseHighScores:(NSData *)highScoresXMLData;

@end
```

代码清单 2-8 中的代码声明了一些内部变量，可以在应用委托实例消息内部使用。这里还声明了消息 getHighScores、getHighScoresFromWebService:和 parseHighScores:。以下是几个内部变量。

- responseData：这个变量将用来存储从高分网页服务下载的 XML。
- highScoresParser：这包含一个对象，它将从 XML 数据解析高分。
- highScores：这是 NSDictionary 实例的一个数组。每个实例包含由 XML 数据解析得到的用户全名和高分元素。
- newScore：这是一个 NSMutableDictionary，其中包含 XML 处理期间的一个高分记录。
- currentKey 和 currentStringValue：这两个变量包含 XML 处理期间使用的值，从而向 newScore 字典增加高分。

既然已经修改了应用委托的接口，下面需要对实现做出相应地修改。打开 ViewHighScores-AppDelegate.m 文件，并用代码清单 2-9 中标为粗体的代码修改该文件。

代码清单 2-9　对 ViewHighScoresAppDelegate.m 实现代码的修改

```
#import "ViewHighScoresAppDelegate.h"
#import "RootViewController.h"

@implementation ViewHighScoresAppDelegate

@synthesize window;
@synthesize navigationController;

@synthesize highScores;
@synthesize rootViewController;

- (void)applicationDidFinishLaunching:(UIApplication *)application {
    // 配置并显示窗口
    [window addSubview:[navigationController view]];
    [window makeKeyAndVisible];

    [self getHighScores];
}
```

代码清单 2-9 中的代码综合了代码清单 2-8 中声明的 `highScores` 和 `rootViewController` 属性，并修改了 `applicationDidFinishLaunching:` 消息，这里调用消息 `getHighScores` 作为应用程序启动的最后一步。

既然已经修改了 `RootViewController` 和 `ViewHighScoresAppDelegate` 源代码，下面必须在 Interface Builder 中建立一些连接。

2. 将 myTableView 属性连接到表视图对象

首先，需要将 `myTableView` 属性连接到 Interface Builder 表视图（Table View）对象。步骤如下。

(1) 在 Xcode 中，从 Groups and Files 列表选择 Resources（资源）组。在文本编辑区上方，你会看到 RootViewController.xib 和 MainWindow.xib 文件。双击 RootViewController.xib 文件，在 Interface Builder 中打开这个文件。

(2) 从主列表中选择 File's Owner。

(3) 从 Interface Builder 菜单选择 Tools → Inspector，打开 Inspector（检查器）窗口（实际上这个窗口可能已经打开了，当前标题为“Root View Controller attributes”或类似的其他标题）。

(4) 点击该窗口上的第二个标签页，此时窗口标题为“Root View Controller connections”。

(5) 在 Inspector 窗口中，你会看到有一项名为 myTableView，这个名右边有一个小圆圈。这是代码清单 2-6 中源代码创建的 `myTableView IBOutlet` 属性。在这个圆圈上按下鼠标按钮并一直保持，会有一条蓝线从圆圈伸出，并随鼠标的移动追踪鼠标指针的轨迹。将鼠标指针拖至表视图对象（在主列表或实际视图上），松开鼠标按钮，就建立了连接，如图 2-4 所示。

(6) 在 Interface Builder 中保存并关闭 RootViewController.xib 文件。

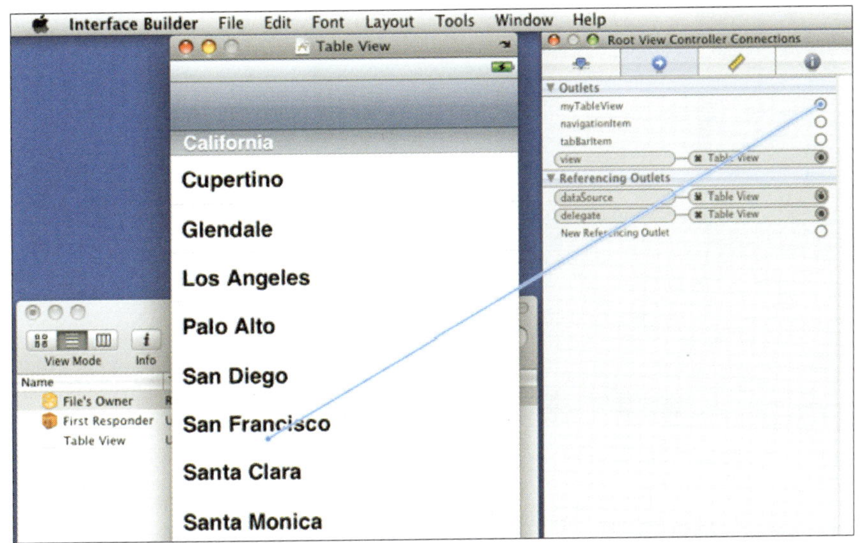

图 2-4 Interface Builder 中将属性 `myTableView` 连接到表视图对象

3. `rootViewController` 属性连接到根视图控制器对象

现在，需要将另一个属性连接到 Interface Builder GUI 元素——这一次要连接的是 `rootViewController` 属性和 `View High Scores App Delegate`（查看高分应用委托）对象。步骤如下。

(1) 在 Xcode 中，选择 Groups and Files 列表中的 Resources 组，双击 MainWindow.xib 文件。

(2) 在 Interface Builder 中，选择主列表中的 `View High Scores App Delegate` 对象。

(3) 在 Inspector 窗口中选择第二个标签。你会看到有一项名为 `rootViewController`，这个名右边有一个小圆圈。这就是代码清单 2-8 中源代码创建的 `rootViewController IBOutlet` 属性。

(4) 从这个圆圈开始拖动鼠标，鼠标指针到达 `Root View Controller` 对象（可能在主列表中，也可能就在该视图中）时松开鼠标按钮，如图 2-5 所示。

(5) 保存并关闭 MainWindow.xib 文件。

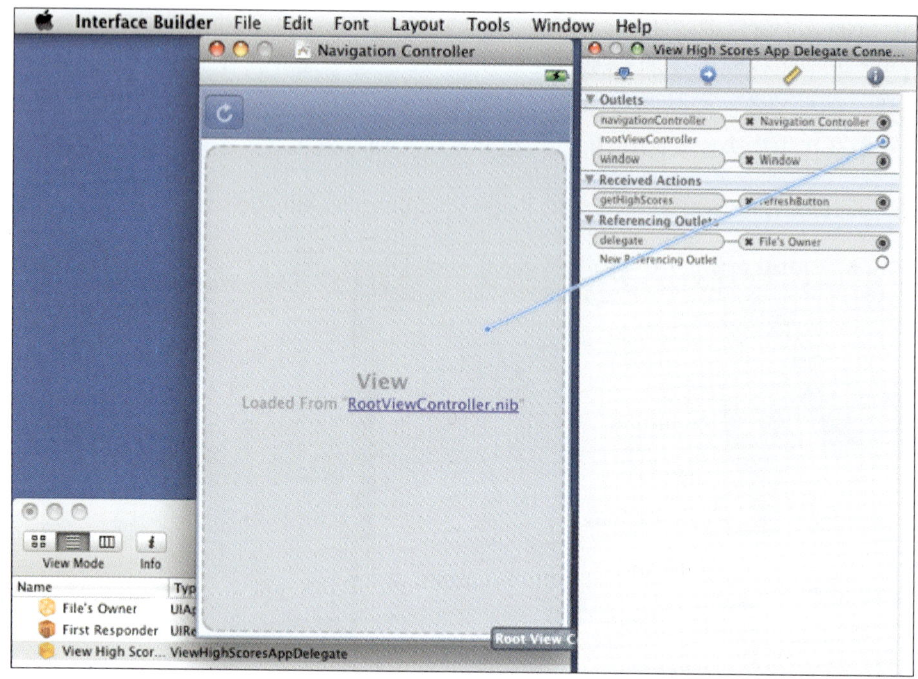

图 2-5　Interface Builder 中将属性 `rootViewController` 连接到根视图控制器对象

以上已经创建了 Xcode 工程，并在 Interface Builder 中建立了 GUI 连接，下面可以开始创建代码从这个简单的高分网页服务加载高分。

2.3.2　连接网页服务

由于这一章的主题是面向 iPhone 游戏的社交网络特性，因此网页服务连接非常重要。在这里，我会非常全面地介绍从示例网页服务获取前 100 个高分的实现代码。

有一个好消息，这个示例代码完全可以用于与任何网页服务或应用程序通信，而不仅限于 Rails 网页服务。不论需要与 PHP 或 .NET 服务器通信，还是要下载一些静态文件（如 MP3 和 PDF），都完全可以使用这个代码。

1. 创建 NSURL、NSURLRequest 和 NSURLConnection 对象

iPhone SDK 提供了一种很全面的方法，可以使用 `NSURLRNSURLRequest` 和 `NSURLConnection` 类来连接网页资源。利用这些类，可以向一个网页服务发送请求，并接收成功响应或失败通知。API 支持你的 UI 更新以反映下载过程中发生的新情况，而不必处理多线程。这一切不会对性能带来太大影响。

要利用这些类向一个网页服务发出请求，首先要传入一个包含 URL 的字符串来创建一个

NSURL 对象，然后创建一个 NSURLRequest。代码清单 2-10 显示了加载高分的实现代码。在 Xcode 中打开文件 ViewHighScoresAppDelegate.m，并增加这里标为粗体的代码。可以看到，这些代码要放在 (void)dealloc 的最后一个大括号之后，但要在文件末尾的 @end 代码行之前。

代码清单 2-10 创建 NSURL、NSURLRequest 和 NSURLConnection 对象

```
- (void)dealloc {
    [navigationController release];
    [window release];
    [super dealloc];
}

#pragma mark web service connection methods

#define HIGH_SCORES_URL @"http://localhost:3000/top_100_scores.xml"

- (void)getHighScores
{
    [self getHighScoresFromWebService: HIGH_SCORES_URL];
}

- (void)getHighScoresFromWebService:(NSString *)URLstr
{
    [rootViewController setTitle: @"Getting High Scores ..."];
    [[UIApplication sharedApplication]
        setNetworkActivityIndicatorVisible:TRUE];

    NSURL *theURL = [NSURL URLWithString:URLstr];
    NSURLRequest *theRequest = [NSURLRequest requestWithURL:theURL
        cachePolicy:NSURLRequestUseProtocolCachePolicy timeoutInterval:10.0];

    NSURLConnection *theConnection = [[NSURLConnection alloc]
        initWithRequest: theRequest delegate: self];

    if (theConnection) {
        responseData = [[NSMutableData data] retain];
    } else {
        // 连接请求非法；URL 格式不正确？
        [rootViewController setTitle: @"Error Getting High Scores"];
        [[UIApplication sharedApplication] setNetworkActivityIndicatorVisible:FALSE];
    }
}

@end
```

代码清单 2-10 中的代码定义了一个预处理器常量，名为 HIGH_SCORES_URL，并指定为这个简单的高分网页服务的地址。这个例子将在 SDK 提供的 iPhone 模拟器中运行，所以使用 localhost 是可以的。如果要把这个例子部署到一个 iPhone 或 iPod touch 上，则需要把 localhost 改为运行该高分网页服务的计算机的 IP 地址。

定义这个常量之后，以上代码还定义了一个名为 getHighScores 的方法，它调用了另一个方法——getHighScoresFromWebService，并提供这个 URL 常量作为参数。加载 URL 的工作就在这个 getHighScoresFromWebService 方法中开始。

首先，为 rootViewController 设置一个标题，指示你要获取高分，然后将网络活动指示器置为可见状态。接下来，利用高分网页服务 URL 分配一个 NSURL 对象，再使用这个对象来分配 NSURLRequest 对象。

```
NSURL *theURL = [NSURL URLWithString:URLstr];
NSURLRequest *theRequest = [NSURLRequest requestWithURL:theURL
    cachePolicy:NSURLRequestUseProtocolCachePolicy timeoutInterval:10.0];
```

NSURLRequest 取前面创建的 NSURL 实例、一个超时间隔（以秒为单位）和一个缓存策略常量作为参数。对于这个特定的例子，策略设置为采用操作系统在后台完成的缓存以及网页服务提供者本身提供的缓存。设置这个策略时，iPhone SDK 的 URL 加载进程会足够聪明——只是在认为缓存比新数据陈旧或者缓存已经超出网页服务提供者设置的时限时才下载数据。

最棒的一点是，你无需做任何工作，除非应用程序有特殊的缓存需求。对于大多数情况来说，这个缓存策略已经足够了。

需要指出，要让这种自动缓存正常工作，还需要确保 Rails 网页服务设置有适当的缓存过程。这个主题内容很多，需要用整本书来讨论 Rails 应用服务器配置和部署，所以这里不再深入。

说明

如果游戏经常下载高分，这个缓存策略就很重要；例如，也许用户喜欢每次结束游戏时查看高分。玩家的分数可能未能位居前 100 名当中，这说明玩家上一次游戏以来前 100 名列表可能没有任何改变。如果在服务器上适当地建立了缓存，那么忽略服务器上的缓存而要求 iPhone 再次下载高分则很不合理。写这本书时全世界已经有超过三千万人拥有 iPhone 和 iPod touch，而且显然每个月这个数字还会至少增加一百万，所以一定要相信我所说的：要限制网页服务器不必要的下载量。如果打算提供游戏的免费试用版，这一点尤其重要。没有人愿意为服务器带宽超出费用付账。

一旦创建了 NSURLRequest 实例，下面要创建一个 NSURLConnection 实例。然后检查是否返回了一个有效的（非 null）NSURLConnection 实例。如果得到了一个 null NSURLConnection 实例，则要通知用户——为此要改变 rootViewController 的标题，并关闭网络活动指示器。

```
NSURLConnection *theConnection = [[NSURLConnection alloc]
    initWithRequest: theRequest delegate: self];

if (theConnection) {
    responseData = [[NSMutableData data] retain];
} else {
```

```
// 连接请求非法；URL 格式不正确？
[rootViewController setTitle: @"Error Getting High Scores"];
[[UIApplication sharedApplication]
    setNetworkActivityIndicatorVisible:FALSE];
```

一旦确定连接对象不为 null，则分配一个可修改的数据对象来保存系统接收到的数据。

接下来，做什么呢？什么？真的吗？大功告成了？

看起来获取高分的代码到此就告一段落了。不过，实际上我们还只是刚刚开始。

2. 建立连接委托

NSURLConnection 消息 initWithRequest:delegate: 取一个委托参数，这个委托是一个实现了 NSURLConnectionDelegate 类别的类的实例。NSURLConnectionDelegate 类别定义了一些委托方法来接收有关 URL 连接状态的信息型回调。在代码清单 2-10 中，应用委托就是连接委托，所以传递 self 作为委托参数。要正确地处理连接，应用委托必须实现 NSURLConnectionDelegate 类别定义的所有方法。

例如，connection:didFailWithError: 消息会在连接失败时调用，这可能是因为超时，或者地址未找到。代码清单 2-11 显示了 connection:didFailWithError: 的实现。将这个代码增加到文件 ViewHighScoresAppDelegate.m 中，就放在前面增加的代码清单 2-10 中相关代码后面。（要增加代码清单 2-11 中显示的所有代码。）

代码清单 2-11　connection:didFailWithError 的实现

```
-(void)connection:(NSURLConnection *)connection
        didFailWithError:(NSError *)error
{
    [rootViewController setTitle: @"Error Getting High Scores"];
    [[UIApplication sharedApplication]
        setNetworkActivityIndicatorVisible:FALSE];

    NSLog(@"Error connecting - %@", [error localizedFailureReason]);
    [ connection release];
    [ responseData release];
}
```

创建连接时，如果返回一个 null NSURLConnection 实例，则要改变 rootViewController 的标题来通知用户出现了一个错误，并关闭网络活动指示器。然后将这个错误写至日志，并释放代码清单 2-10 中创建的连接和 responseData。

说明

诸如 404 和 500 等 HTTP 错误码并不是连接失败。接收到这些错误码时，服务器已经接收到请求，而且正是服务器用 404 或 500 错误码作为响应。如果连接失败，服务器根本不能做出响应。

如果没有连接错误，URL 加载系统则继续工作，最终 URL 加载系统接收到足够的加载数据可以构造一个 NSURLResponse 对象时会调用一次委托消息 connection:didReceive-Response:。你就是从这个消息得到诸如 404 和 500 等错误码通知的。必须检查响应错误码，确定服务器上是否有错误，如果有错误，则取消传输并通知你的用户。

如果服务器响应为一系列重定向，或者所返回的内容类型是一个 MIME 多部分文档，则可能多次调用 connection:didReceiveResponse: 消息。每次调用这个方法时，都应当检查状态，并将用来保存所接收数据的可修改数据对象的长度设置为 0。这样做是为了确保正确地处理 MIME 多部分，而且数据对象不会包含来自先前请求或重定向的数据。代码清单 2-12 显示了 connection:didReceiveResponse: 消息的实现。同样的，将这个代码增加到 ViewHighScoresAppDelegate.m 中，就放在代码清单 2-11 的代码后面。

代码清单 2-12　connection:didReceiveResponse 的实现

```
-(void)connection:(NSURLConnection *)connection
        didReceiveResponse:(NSURLResponse *)response
{
    NSHTTPURLResponse *HTTPresponse = (NSHTTPURLResponse *)response;
    NSInteger statusCode = [HTTPresponse statusCode];
    if ( 404 == statusCode ||  500 == statusCode ) {
        [rootViewController setTitle: @"Error Getting High Scores"];
        [[UIApplication sharedApplication]setNetworkActivityIndicatorVisible:FALSE];

        [connection cancel];

        NSLog(@"Server Error - %@", [ NSHTTPURLResponse
                localizedStringForStatusCode: statusCode ]);
    } else {
        [ responseData setLength:0 ];
    }
}
```

类似地，connection:didReceiveData: 消息至少会调用一次。编写这个代码时，应当假定从服务器传输数据完成之前这个消息可能调用多次。这个消息只是将数据参数追加到数据对象后面（这个数据对象中将存放接收到的所有数据）。代码清单 2-13 显示了这个消息的实现，它也要放在 ViewHighScoresAddDelegate.m 中。将这个代码直接增加到代码清单 2-12 的 connection:didReceiveResponse: 消息后面。

代码清单 2-13　connection:didReceiveData 的实现

```
- (void)connection:(NSURLConnection *)connection
        didReceiveData:(NSData *)data
{
    [ responseData appendData:data ];
}
```

最后，一旦 URL 请求完成，而且已经获取所有数据，URL 加载系统会调用 connectionDidFinishLoading: 消息。调用这个消息之后，说明你已经接收到从服务器发出的所有数据，终于可以进行处理了。在这里，请求发送到一个网页服务，该网页服务会以 XML 格式返回数据。必须解析返回的数据，并完成所需的动作，即更新用户请求查看的高分表。代码清单 2-14 显示了这个消息的实现。与前面的代码清单一样，将这些代码直接增加到代码清单 2-13 的代码下面。

代码清单 2-14 connectionDidFinishLoading 的实现

```
- (void)connectionDidFinishLoading:(NSURLConnection *)connection
{
    [ self parseHighScores: responseData ];
    [ connection release ];
    [ responseData release ];
}
```

以上展示了如何从一个 URL 请求数据并获取数据。

到目前为止，所有 URL 加载代码都是通用的，不论获取何种类型的数据都适用。你可以下载一个需要显示的图像、一个 PDF 文档或者一个 MP3 播客，实际上可以是任何类型的数据。

2.3.3 解析 XML

还有一个主题在大多数 iPhone 书中都没有得到应有的关注，这就是 XML 处理。有些书可能草草带过，另外一些可能干脆将这个主题完全忽略。猜猜看，我会怎么做？由于处理网页服务时 XML 解析极其重要，所以我会再给你一个深入全面的介绍。我是不是很好心？

在代码清单 2-14 的 connectionDidFinishLoading: 实现中，调用了消息 parseHighScores 来处理从 URL 加载进程得到的 XML 数据。这个工作放在另一个消息中，是为了保证 URL 加载代码与 XML 处理代码分离。parseHighScores 消息创建 NSXMLParser 类的一个实例，并再次设置 self 作为委托来接收对应不同 XML 解析事件的回调，如代码清单 2-15 所示。将这个代码增加到代码清单 2-14 中的代码后面。

代码清单 2-15 parseHighScores 的实现

```
- (void)parseHighScores:(NSData *) highScoresXMLData
{
    if (highScoresParser)
        [ highScoresParser release ];
    highScoresParser = [[ NSXMLParser alloc]
        initWithData: highScoresXMLData ];
    [ highScoresParser setDelegate:self ];
    [highScoresParser setShouldResolveExternalEntities:NO];
    [ highScoresParser parse ];
}
```

类似于 NSURLConnection 委托，NSXMLParser 委托在完成必要的处理步骤过程中会接收多个消息。NSXMLParser 从上面开始处理 XML，一次处理一行，发生不同事件时，它会向委托发出消息来处理这些事件。如果你之前曾使用 C/C++、Java 或 .NET 做过 XML 处理，可能会注意到在概念上 NSXMLParser 与 SAX（Simple API for XML）解析最为接近。

解析器发现开始标记时会发出 parser:didStartElement:namespaceURI:qualifiedName:attributes: 消息。代码清单 2-16 显示了高分应用程序中这个消息的实现代码。将这个代码增加到代码清单 2-15 的代码后面。

代码清单 2-16　NSXMLParser 委托使用的 parser:didStartElement:namespaceURI:qualifiedName:attributes: 消息

```
- (void)parser:(NSXMLParser *)parser
        didStartElement:(NSString *)elementName
        namespaceURI:(NSString *)namespaceURI
        qualifiedName:(NSString *)qName
        attributes:(NSDictionary *)attributeDict
{
    currentKey = nil;
    [currentStringValue release];
    currentStringValue = nil;

    if ( [elementName isEqualToString:@"high-scores"])
    {
        if (highScores)
            [highScores removeAllObjects];
        else
            highScores = [[NSMutableArray alloc] init];

        return;
    }

    if ( [elementName isEqualToString:@"high-score"] )
    {
        newScore = [[NSMutableDictionary alloc] initWithCapacity: 2];
        return;
    }

    if ( [elementName isEqualToString:@"score"] )
    {
        currentKey = @"score";
        return;
    }

    if ( [elementName isEqualToString:@"full-name"] )
    {
```

```
        currentKey = @"full-name";
        return;
    }

}
```

代码清单 2-16 中的代码工作如下所示。

- 如果解析器找到开始标记 <high-scores>，则创建一个 NSMutableArray 来保存高分。如果该数组已经创建，则将其中已有的元素清空（这些元素可能来自前一次高分下载）。
- 如果解析器找到开始标记 <high-score>（注意，这里是单数 “score” 而不是 “scores”），创建一个名为 newScore 的 NSMutableDictionary 保存高分记录，具体就是 score 和 full-name 标记的值。
- 如果解析器找到开始标记 <score> 和 <full-name>，则将相应的键置于一个名为 currentKey 的变量中，将在另一个委托消息中使用这个变量在 newScore 字典中存储标记值。

解析器找到开始和结束标记之间的文本时，将 parser:foundCharacters: 消息发送到解析器委托。如果标记之间的文本跨多行，则会多次调用这个消息。代码清单 2-17 显示了这个实现。这个代码要放在代码清单 2-16 的代码后面。

代码清单 2-17 NSXMLParser 委托使用的 parser:foundCharacters: 方法

```
- (void)parser:(NSXMLParser *)parser
        foundCharacters:(NSString *)string
{
    if (currentKey) {
        if (!currentStringValue) {
            currentStringValue = [[NSMutableString alloc]
                initWithCapacity:50];
        }
        [currentStringValue appendString:string];
    }
}
```

代码清单 2-17 中，首先检查变量 currentKey 是否非 nil。如果确实是 nil，则立即返回，这个消息中什么也不做。如果 currentKey 不为 nil，再检查变量 currentStringValue 是否为 nil。如果 currentStringValue 为 nil，则创建一个 NSMutableString 对象。最后，将标记文本追加到 currentStringValue 中。

解析器找到结束标记时，将 parser:didEndElement:namespaceURI:qualifiedName: 消息发送到解析器委托。代码清单 2-18 显示了这个委托消息的实现。将这个代码直接增加到代码清单 2-17 的代码后面。

代码清单 2-18　NSXMLParser 委托使用的 parser:didEndElement:namespaceURI:qualifiedName 方法

```
- (void)parser:(NSXMLParser *)parser
        didEndElement:(NSString *)elementName
        namespaceURI:(NSString *)namespaceURI
        qualifiedName:(NSString *)qName
{
    if (( [elementName isEqualToString:@"high-scores"]))
    {
        // 遇到底部标签，已完成全部解析
        [rootViewController setTitle: @"View High Scores"];
        [[UIApplication sharedApplication] setNetworkActivityIndicatorVisible:FALSE];
        return;
    }

    if ( [elementName isEqualToString:@"high-score"] )
    {
        // 添加新分数到表模型
        // 强制更新表
        [ highScores addObject: newScore ];
        [rootViewController reloadData];
        return;
    }

    if ( [elementName isEqualToString:@"score"] ||
            [elementName isEqualToString:@"full-name"])
    {
        [ newScore setValue: currentStringValue forKey: currentKey ];
    }

    currentKey = nil;
    [currentStringValue release];
    currentStringValue = nil;
}
```

这个实现完成了以下工作。

- 如果找到结束标记 </high-scores>，这说明已经完成了全部处理。在这种情况下，将 rootViewController 的标题改为“View High Scores”（处理期间的标题是“Getting High Scores ...”），并关闭网络活动指示器。
- 如果找到结束标记 </high-score>（再次强调，这里是单数），将 newScore 字典增加到 highScores 数组，并指示 rootViewController 更新表视图的显示。
- 如果找到结束标记 </score> 或 </full-name>，取 currentKey 和 currentStringValue 的值，并存储在 newScore 字典中。

除了以上代码中实现的消息外，另外还有一些通知消息，分别对应不合法数据导致的解析错误、解析 XML 对象本身内部的 DTD 声明，以及外部 DTD 引用。我们的实现很简单，因为这里没有外部 DTD 引用或内部 DTD 声明。

所有这些 XML 处理的最终结果，就是将高分存储在一个字典数组中，各字典包括两个键：score 和 full-name。这个数组在应用委托中命名为 highScores。每次处理一个高分记录时，要通知根视图控制器刷新表视图的显示；也就是说，向 highScores 数组增加一个 newScore 字典时就应当刷新表视图显示。

目前，如果你想通过 iPhone 模拟器运行这个工程，应用会显示一个空表，标题栏显示为“Getting High Scores ...,”，如图 2-6 所示，并在几秒钟后改回“View High Scores”。与此同时，网络活动指示器会旋转，指示正在发生某种类型的网络活动。不过表中不会显示任何内容。这是因为你还没有对根视图控制器修改表视图数据源消息来显示高分。

图 2-6 完成连接和 XML 解析器委托实现之后，iPhone 模拟器在运行 View High Scores 应用程序，不过虚数据源实现为空

2.3.4 在表视图中显示高分

要显示高分，需要修改 RootViewController.m 文件中的一些方法。在 Xcode 中打开 RootViewController.m 文件，增加代码清单 2-19 中标为粗体的代码。

代码清单 2-19 对 RootViewController.m 实现代码的修改

```
/*
// 覆写以允许默认垂直方向以外的其他方向
- (BOOL)shouldAutorotateToInterfaceOrientation:
        (UIInterfaceOrientation)interfaceOrientation {
    // 对正确的定向返回 YES
    return (interfaceOrientation == UIInterfaceOrientationPortrait);
}
*/
- (void)didReceiveMemoryWarning {
    // 释放无超对象视图的视图
    [super didReceiveMemoryWarning];

    // 释放不重要的数据，如缓存的数据
    ViewHighScoresAppDelegate *appDelegate = (ViewHighScoresAppDelegate *)[
        [UIApplication sharedApplication] delegate];
    [[appDelegate highScores] removeAllObjects];
}
#pragma mark Table view methods

- (NSInteger)numberOfSectionsInTableView:(UITableView *)tableView {
    return 1;
}

// 定制表视图的行数
```

```
- (NSInteger)tableView:(UITableView *)tableView
        numberOfRowsInSection:(NSInteger)section {
    ViewHighScoresAppDelegate *appDelegate = (ViewHighScoresAppDelegate *)
        [[UIApplication sharedApplication] delegate];
    return [[appDelegate highScores] count];
}


// 定制表视图单元的外观
- (UITableViewCell *)tableView:(UITableView *)tableView
        cellForRowAtIndexPath:(NSIndexPath *)indexPath
{
    static NSString *CellIdentifier = @"Cell";

    UITableViewCell *cell =
        [tableView dequeueReusableCellWithIdentifier:CellIdentifier];
    if (cell == nil) {
        cell = [[[UITableViewCell alloc] initWithFrame:CGRectZero
            reuseIdentifier:CellIdentifier] autorelease];
    }
    // 设置单元
    ViewHighScoresAppDelegate *appDelegate = (ViewHighScoresAppDelegate *)
        [[UIApplication sharedApplication] delegate];
    NSDictionary *row = [[appDelegate highScores] objectAtIndex:indexPath.row];

    NSString *full_name = [row objectForKey:@"full-name"];
    NSString *score = [row objectForKey:@"score"];
    cell.text = [NSString stringWithFormat:@"%@ - %@",
        full_name, score];

    return cell;
}
```

内存过低时，会调用这个 didReceiveMemoryWarning 方法。所以，首先需要明确，尽管这个方法不属于数据源消息，但正确地加以处理非常重要。代码清单 2-19 中的代码修改了这个方法，用以将 highScores 数组清空。这个数组在应用委托中，所以在 Cocoa 中使用 UIApplication sharedApplication 对象来得到应用委托的一个引用，然后访问 highScores 数组并将其清空。

以上代码还修改了方法 numberOfSectionsInTableView，使之总是返回 1，因为高分表中只有一个数据分区。这个表永远不会以分组模式显示。

说明

> 如果不清楚 Cocoa Touch 表视图中分组模式的含义，可以在 Google 中搜索 “iPhone table view tutorials”（iPhone 表视图教程），或者参考《iPhone 3 基础教程》。

类似地，方法 tableView:numberOfRowsInSection: 总是返回 highScores 数组中的行数，而不考虑分区，因为这里只有一个分区，而且表不处于分组模式。在这个方法中，要使用 UIApplication sharedApplication 对象来得到应用委托的一个引用，做法与 didReceiveMemoryWarning 方法中相同。利用对应用委托的引用，代码再从 highScores 数组得到统计数。

最后，方法 tableView:cellForRowAtIndexPath: 创建或释放一个可重用的 UITableViewCell 实例，这正是表视图单元格的标准做法。然后，再一次使用 UIApplication sharedApplication 对象得到应用委托的一个引用。有了应用委托之后，从对应于索引路径（作为参数 indexPath 传入）的 highScores 数组行得到 NSDictionary 实例。接下来，修改单元格文本来显示字典中存储的全名和分数。

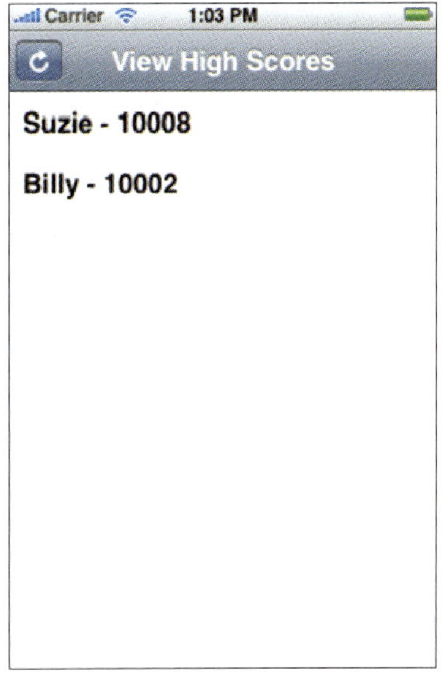

图 2-7 iPhone 模拟器运行 View High Scores 应用程序，并显示高分

如果现在在 iPhone 模拟器上运行这个工程，UI 会像前面一样变化：从标题栏可以知道代码正在获取高分，网络活动指示器正在旋转。不过，这一次高分记录确实会出现在表中，如图 2-7 所示。干得漂亮！

你是不是在想，仅仅在表中显示数据没有多大意思？确实如此。这个练习的目的是带你完整地认识 URL 加载和 XM 解析的全部代码。表视图部分只是为了以一种可视化的方式完成集成，以显示所有其他代码是如何工作的。

2.4 向网页服务提交高分

目前为止，你已经了解了 REST 式网页服务、URL 加载和 XML 解析。现在已经有了一个网页应用程序，其中可以手工地输入一些高分记录，而且可以在你的 iPhone 上显示这些高分。

这很好，也很方便，不过游戏中并不是这样做的，对不对？用户并不会先记住他们的高分，然后访问网站手工地输入这些分数。作为游戏开发人员，这是你的工作，要由你编写代码将用户的高分提交到服务器。要编写怎样的代码呢？

上传高分与下载高分几乎是一样的。要准备一个 URL，用它创建一个请求，并且建立一个连接。当服务器做出响应指出高分已经成功提交时，URL 加载进程会调用连接委托中的消息。区别在于，这里要使用 HTTP POST 而不是默认的 HTTP GET（下载分数时使用的是 GET），并以 XML 格式向服务器发送数据。下面来看一个例子（见代码清单 2-20）。

代码清单 2-20 向这个简单高分服务器提交一个新的高分记录

```
NSData *highScoreData =  [[NSString stringWithFormat:
    @"<high-score> \
        <full-name>%@</full-name> \
        <score>%@</score> \
    </high-score>",  "Bobby", "10005", nil]
    dataUsingEncoding:NSASCIIStringEncoding];
NSString *URLstr = HIGH_SCORES_URL;
NSURL *theURL = [NSURL URLWithString:URLstr];

NSMutableURLRequest *theRequest = [NSMutableURLRequest
    requestWithURL:theURL];

[theRequest setHTTPMethod:@"POST"];
[theRequest setValue:@"text/xml" forHTTPHeaderField:@"Content-type"];
[theRequest setHTTPBody: highScoreData];

[[UIApplication sharedApplication] setNetworkActivityIndicatorVisible:TRUE];

NSURLConnection *theConnection =   [[NSURLConnection alloc]
    initWithRequest:theRequest delegate:self];

if (!theConnection) {
    // 连接请求非法；URL 格式不正确？
}
```

在代码清单 2-20 的代码中，首先将数据置为一种 XML 格式，与之前解析的高分数据类似。区别在于，由于这是一个新记录，可以省略 <id>、<created_at> 和 <updated_at> 标记，有全名和分数就足够了。在这个代码清单中，我把字符串分解到多行是为了提高可读性，并没有要求必须分行。

创建 XML 数据之后，利用 URL 串创建一个 NSURL 实例，然后利用这个实例创建一个 NSMutableURLRequest。这里的“Mutable”意味着可修改，表示你打算在这个请求中将某些设置改为非默认值。在这里，要做以下修改：

- 将 HTTP 方法从 GET 改为 POST；
- 设置 Content-type 首部，使网页服务知道你在发送何种数据；
- 将数据放在请求体中。

获取前 100 个分数时，使用了一个 NSURLRequest 而不是 NSMutableURLRequest，因为那时并不需要将请求修改为非默认设置。

创建请求之后，需要把它提交到这个简单高分服务。与前面的前 100 个高分处理类似，要创建一个 NSURLConnection，并设置委托，然后在发生不同的 URL 加载事件时调用这个委托。在前面对 REST 式网页服务的讨论中我们已经了解到，这个服务会以 XML 格式的高分记录作为响应，其中适当地设置了 <id>、<created_at> 和 <updated_at> 标记。

不过，你只需要知道你的高分提交已经成功！通常并不需要用网页服务返回的所有标记再次检查已提交的数据。

可以简化连接委托，只检查连接错误以及响应状态的状态码是否是 200（这意味着一切正常）。正是因为这个原因，在这个创建 NSURLConnection 的例子中，只是检查它是否为 nil，而不必费劲地创建一个数据对象来保存返回的数据。你只想知道连接是否有错误、服务器上是否有错误，以及响应状态码的值。下面来看代码清单 2-21 中具体是如何做的。

代码清单 2-21　检查高分提交是否成功的委托方法

```
-(void)connection:(NSURLConnection *)connection
       didFailWithError:(NSError *)error
{
    [[UIApplication sharedApplication] setNetworkActivityIndicatorVisible:FALSE];

    // 警告用户高分提交出错

    NSLog(@"Error connecting - %@", [error localizedFailureReason]);
    [connection release];
}

-(void)connection:(NSURLConnection *)connection
       didReceiveResponse:(NSURLResponse *)response
{
    NSHTTPURLResponse *HTTPresponse = (NSHTTPURLResponse *)response;
    NSInteger statusCode = [HTTPresponse statusCode];

    if ( 404 == statusCode || 500 == statusCode ) {

        [[UIApplication sharedApplication]
            setNetworkActivityIndicatorVisible:FALSE];

        // 警告用户高分提交出错

        [connection cancel];

        NSLog(@"Server Error - %@", [ NSHTTPURLResponse
            localizedStringForStatusCode:statusCode ]);

    } else if ( 200 == statusCode) {
        // 高分提交成功！
        // 此处其他必要操作
        [[UIApplication sharedApplication]
            setNetworkActivityIndicatorVisible:FALSE];
    }
}
```

如果希望网页服务修改一个记录，可以重用代码清单 2-20 和代码清单 2-21 中的代码。不是将 HTTP 方法设置为 POST，而是使用 HTTP 方法 PUT。对于 URI，可以使用所修改记录的地址，如 localhost:3000/high_scores/1.xml。只需检查响应状态码是否为 200 来确保记录得到正确的修改。

要删除一个记录，需要使用 HTTP 方法 DELETE，并使用所删除特定记录的 URI。可以忽略 Content-type 首部和体，因为请求一个删除时不需要发送任何数据；只需把 `DELETE` 请求发送到 localhost:3000/high_scores/1.xml 并检查响应的状态码是否是 200。

2.5　提交用户成就

既然已经知道如何在 REST 式网页服务中创建记录，以及如何获取、更新和删除这些记录，你会发现处理成就也是类似的。在你的游戏逻辑中，首先要确定玩家取得了一个成就，然后向正确的资源发送一个 `POST` 请求，并检查响应的状态码是否为 200。代码清单 2-22 给出了一个例子。

代码清单 2-22　检查用户是否连过五关而未丢一条命的示例游戏循环代码

```
// 部分示例游戏循环
if (playerDead) {
    levelsFinishedSinceLastDeath = 0;
}
if (levelFinished) {
     currentLevel++;
     levelsFinishedSinceLastDeath += !playerDead;
    if (levelsFinishedSinceLastDeath >= 5 &&
            ![user hasAchievement:FIVE_LEVELS_NO_DEATH] )
    {
        [user earnAchievement: FIVE_LEVELS_NO_DEATH];
    }
}
```

这是我完成的部分代码，只是要让你对此有个概念，可以从中获得灵感，但这并不能作为实际的工作代码。

关键是要跟踪玩家是否已经没命，以及玩家在没有丢命的前提下连续通过了多少关。还要跟踪玩家是否已经完成这一关。然后检查一个名为 `user` 的对象，确定玩家是否已经取得过某个特定成就。如果没有，则对 `user` 调用一个名为 `earnAchievement:` 的方法。这个方法可以更新 UI，通知用户已经取得一个成就，并向网页服务发出这个新的用户成就请求。

2.6　引入 ObjectiveResource

ObjectiveResource 可以从 http://iphoneonrails.com 得到，这是面向 Ruby 的 ActiveResource 库的一个 Objective-C 移植，ActiveResource 库因 Rails 2.0 而大为流行。ActiveResource 使得 Rails 应用程序可以很容易地连接到 REST 式网页服务。类似地，ObjectiveResource 使得 iPhone 和 Mac OS X 应用程序很容易连接到 REST 式网页服务。前面几节讨论的所有复杂问题都已由 ObjectiveResource 抽象。

开始写这一章时，ObjectiveResource 还是不完备、不稳定的；正是因为这个原因我一直强调 URL 加载和 XML 解析，以及与 REST 式网页服务通信的特定问题。如果你需要连接提供非常复杂 XML 的网页服务或实现非 REST 式 API 的网页服务，这些知识就会派上用场。而且了解后台具体如何工作肯定没有坏处！

既然 ObjectiveResource 已经更为稳定，所以与从头开始实现网页服务连接的做法相比，这是一个很有意义的替代方法。

警告

> ObjectiveResource 只适用于“真正的”REST 式网页服务。如果你打算用 PHP 或 .NET 完成你自己的 XML 网页服务，就不能在应用程序 iPhone 一端使用 ObjectiveResource。如果你想采用所选择的语言实现 REST 式网页服务，本章前面对 REST 式网页服务的介绍会对你有所帮助。

2.6.1 使用 ObjectiveResource

要使用 ObjectiveResource，需要从 http://iphoneonrails.com 下载这个库并解压缩，然后在 Xcode 中将这个文件夹拖到你的工程中。确保告诉 Xcode 将这个文件夹复制到你的工程中（在对话框上方有一个复选框可以选择这一项）。

一旦将 ObjectiveResource 代码复制到你的工程，下面可以开始为资源编写类。作为一个例子，代码清单 2-23 对示例 View High Scores 应用程序做了一些必要的修改来使用 ObjectiveResource。

代码清单 2-23 simple_high_scores_service 网页服务使用 ObjectiveResource

```
// HighScores.h 的内容
#import "ObjectiveResource.h"
@interface HighScores : NSObject
{
    NSString *fullName;
    NSNumber *score;
     // 映射到 Rails 的 id 属性
    NSString *highScoreId;
    NSDate *createdAt;
    NSDate *updatedAt;
}
@property (nonatomic , retain) NSString *fullName;
@property (nonatomic , retain) NSNumber *score;
@property (nonatomic , retain) NSString *highScoreId;
@property (nonatomic , retain) NSDate *createdAt;
@property (nonatomic , retain) NSDate *updatedAt;
@end

// HighScore.m 的内容
#import "HighScore.h"

@implementation  HighScore
@synthesize fullName, score, highScoreId , createdAt , updatedAt;
```

```
+ (NSArray *)getTop100Scores {
    NSString *top100ScoresPath = [NSString stringWithFormat:@"%@%@",
                        [self getRemoteSite],
                        @"top_100_scores.xml"];

    Response *res = [Connection get: top100ScoresPath];
    return [self allFromXMLData:res.body];
}

- (void) dealloc
{
    [createdAt release];
    [updatedAt release];
    [highScoreId release];
    [fullName release];
    [score release];
    [super dealloc];
}
// 更改 ViewHighScoresAppDelegate.h
#import <UIKit/UIKit.h>

@class RootViewController;

@interface ViewHighScoresAppDelegate :
        NSObject <UIApplicationDelegate> {

     UIWindow *window;
     UINavigationController *navigationController;

    NSArray *highScores;

    RootViewController *rootViewController;
}

@property (nonatomic, retain) IBOutlet UIWindow *window;
@property (nonatomic, retain) IBOutlet UINavigationController
    *navigationController;

@property (nonatomic, retain) NSArray *highScores;
@property (nonatomic, retain) IBOutlet RootViewController
    *rootViewController;

- (void)getHighScores;

@end

// 更改 ViewHighScoresAppDelegate.m
#import "ViewHighScoresAppDelegate.h"
#import "RootViewController.h"
#import "ObjectiveResourceConfig.h"

@implementation ViewHighScoresAppDelegate

@synthesize window;
@synthesize navigationController;

@synthesize highScores;
@synthesize rootViewController;
```

```
#define HIGH_SCORES_URL @"http://localhost:3000/"

- (void)applicationDidFinishLaunching:(UIApplication *)application {
    // 配置并显示窗口
    [window addSubview:[navigationController view]];
    [window makeKeyAndVisible];

    [ObjectiveResourceConfig setSite: HIGH_SCORES_URL];

    [self getHighScores];
}

- (void)applicationWillTerminate:(UIApplication *)application {
    // 适当保存数据
}

- (void)dealloc {
    [navigationController release];
    [window release];
    [super dealloc];
}

#pragma mark web service connection methods

- (void)getHighScores {
    highScores = [HighScore getTop100Scores];
}

// 可删除不需要的 URL 加载代码和 XML 解析代码！
@end

// 更改 RootViewController.m
// 定制表视图单元的外观
- (UITableViewCell *)tableView:(UITableView *)tableView
        cellForRowAtIndexPath:(NSIndexPath *)indexPath
{
    static NSString *CellIdentifier = @"Cell";

    UITableViewCell *cell =
        [tableView dequeueReusableCellWithIdentifier:CellIdentifier];
    if (cell == nil) {
        cell = [[[UITableViewCell alloc] initWithFrame:CGRectZero
            reuseIdentifier:CellIdentifier] autorelease];
    }

    // 设置单元
    ViewHighScoresAppDelegate *appDelegate =
        (ViewHighScoresAppDelegate *)[[UIApplication sharedApplication]
            delegate];
    HighScore *highScore =
        [[appDelegate highScores] objectAtIndex:indexPath.row];
    cell.text = [NSString stringWithFormat:@"%@ - %@",
        highScore.full_name, highScore.score];

    return cell;
}
```

可以看到，与之前使用 URL 加载和 XML 解析的版本相比，使用 ObjectiveResource 的代码总地来讲更简单也更简短。

2.6.2 用 ObjectiveResource 提交高分

代码清单 2-24 显示了如何向网页服务提交一个高分记录。

代码清单 2-24 使用 ObjectiveResource 提交一个高分

```
HighScore newScore = [[[HighScore alloc] init] autorelease];
newScore.full_name = "Bobby";
newScore.score = 10002;
[newScore saveRemote];
```

就这么简单！如果你在 Java 上使用过 Hibernate 或者在 .NET 上使用过 NHibernate，会发现使用 ObjectiveResource 与之非常类似。区别在于，这里没有麻烦的 XML 配置，而且你处理的是一个网页服务，而不是一个数据库。

ObjectiveResource 大大简化了与 REST 式网页服务的通信。所有 URL 加载和 XML 解析都在后台进行。你的对象从 ObjectiveResource 类别继承代码，做简单的方法调用从而在 REST 式网页服务上创建、获取、更新和删除记录。

2.7 小结

这一章带你了解了如何使用 URL 加载和 XML 解析来创建一个高分服务器。这里的代码很多，不过说实话，在写这本书时，很少有资源（不论是在线资源还是纸版图书）非常详细地讨论这个主题。而如此详细的讨论对于为你的 iPhone 游戏正确地实现社交网络特性非常重要。

如果你尝试在应用程序中内建一个社交网络特性，在此紧要关头，你希望我怎样做呢？是深入讨论，还是宁愿我只是对于在内置 iPhone 游戏中内建社交网络的美好前景大谈一些漂亮话，讲一些不着边际的愿望？你肯定更愿意选择前者，没错，我也正是这么想的。

最后，希望我已经成功地让你对直接向游戏中增加社交网络特性的诸多可能性产生了浓厚的兴趣。也许你已经在考虑多花一点开发时间来完成更强大的服务，而不只是一个高分服务器。至少为用户提供一个“我的最高分”widget 肯定会更棒，这有利于提升你的游戏！

让你的用户与其他人分享他们的游戏经验，这有助于围绕你的游戏建立一个用户社区，从而进一步促进销售。

不过，对我来说，这些都是社交性和共同游戏的体现，可以追溯到原先与朋友和家人聚在电视机前共享快乐的时光。基于 iPhone 无处不在的互连性和社交网络，我们就能把这些美好时光带入游戏。

Aaron Fothergill

所在公司：Strange Flavour 公司

位置：英国，纽卡斯尔

开发经历：20 世纪 80 年代我从 Apple 开始了我的职业生涯，包括在早期 Mac 上为一个电台编写工具。之后还在 ST 和 Amiga 上编写了更多游戏，包括 Jitterbugs、风靡一时的 SkyStrike 和 Jetstrike, 以及面向 STOS 和 AMOS 编程环境的工具。后来，我开始效力于其他游戏公司，包括 Electric Spectacle、Cranberry Source 和 Argonaut Games，其间我们开发了 Croc 2、Aladdin Nazira' s Revenge、Harry Potter，以及其他一些控制台游戏。2004 年，我离开了所任职的公司，与我的兄弟 Adam 创办了 Strange Flavour。我们开发了获得 Apple 设计大奖的面向 Mac 的 ToySight 和 Airburst，另外还开发了 TotemBall 和 Spyglass Boardgame。

iPhone 开发经历：关于 iPhone，我编写了 Plank、Flick Fishing 和 SlotZ Racer 等游戏。另外，我们的下一个游戏会在本书出版时推出。我们的开发环境包括 Macs、Xcode、Cinema 4D、Photoshop 以及 TextWrangler。

本章内容：这一章介绍了如何从头开始创建一个 OpenGL ES 游戏。这里还解释了如何实现自动游戏保存功能，以及游戏循环如何工作。重点是强调为了保证可访问性和简单性，要使用标准 C 代码而不是 Objective-C。

关键技术：

- 由系统通知实现游戏保存
- OpenGL sprite 的纹理加载
- 基于 OpenGL 的 sprite 绘制
- 创建 OpenGL ES 工程并为游戏建立一个渲染循环

第3章

使用标准C的快速游戏开发

“为什么不去找份正当的工作？”如果你说自己在游戏行业工作，是不是总听到人们这样说？我从20世纪80年代早期就开始编写视频游戏，而直到现在还有人这样问我。

我之所以编写游戏是因为这很有意思。如果还能挣钱，那当然是一件好事，不过对于计算机编程人员来说，其他行业尽管没意思[①]，但会有一些报酬更高的工作，所以真心喜欢写游戏才是这个工作最重要的一点。

最初，我是在一个业余项目开始接触iPhone编程的，那时我在开发Strange Flavour的Xbox Live Arcade游戏Airburst。一开始，我们的第一个iPhone项目Plank只是一个学习项目，目的为了让我的兄弟Adam从中学习如何编写代码（以往Adam只是完成所有艺术和声音处理）。所以，Adam完成了最初的大多数研发工作，并学习了Xcode 3有趣的新特性，因为至少在Xcode此前推出一两个版本之后我就没有再做过相关工作。他完全更新了我的观念，我们把这个iPhone游戏Plank作为一个学习项目，同时也看作一个实验。在此之后，我们已经编写了畅销游戏Flick Sports Fishing和SlotZ Racer，而且当你读到这本书时，App Store应该已经发布了我们的第4个游戏。图3-1显示了SlotZ Racer、Flick Sports Fishing和Plank的截屏图。

① 现在是星期六凌晨5点钟，我还在费劲地努力搜寻一个难缠的bug，此时此刻看起来那些工作也许更有意思。

图 3-1 从左上方顺时针依次是 SlotZ Racer、Flick Fishing 和 Plank

提示

> 与另一个编码人员结为团队对你会有很大帮助——即使他只是一个刚刚学习编写代码的人，因为你们可以轮流在各自头脑清醒的时候发挥作用。另外，也许其中一人已经忘记文档中的某个重要要素，但另一个人可能记得。

关于编写 iPhone 游戏，对于只是为了好玩而酷爱写游戏的我来说，它们很有吸引力。iPhone 游戏就像是控制台游戏，只不过在漂亮的小包装里。由于 iPhone 特有的性质，面向 iPhone 的游戏往往只能玩很短的时间，因为玩家只有片刻的闲暇，所以短小简单的游戏很有利。即使游戏本身时间很长，但如果允许短时间玩也是不错的 iPhone 游戏，只要它们能够随时自动保存。例如你突然接到电话时，或者汽车到站时你必须退出游戏下车。

iPhone 也适用我喜欢的一些老式游戏的很多元素，很适合我的游戏编码风格，允许对一个游戏想法快速建立原型，完成简单的开发和调试，而不必与操作系统有太多纠缠。

在这一章中，我将介绍主要使用标准 C 编写代码来开发一个 iPhone 游戏是何等容易，其中只结合最基本的 Objective-C 设置应用程序以及妥善处理 OS X 有关问题。如果你像我一样还是一个“保守派”，或者之前一直在其他平台上开发应用且刚刚转向 iPhone，那么你可能还不熟悉 Objective-C，或者希望直接开始编写游戏。Objective-C 固然是一种很棒的语言，不过对于最后得到的游戏来说，主要代码采用 C、C++ 还是 Objective-C 并没有什么区别。既然如此，为什么不使用你熟悉的语言直接编写你想完成的游戏呢（而不是坐下来学习另一种语言）？所以，对于这里要编写的游戏，我主要使用 C，另外如果某些地方使用 Objective-C 代码更方便，我还会特别指出。随着你越来越多地参与有关 iPhone 的工作，可能会发现有些情况下 Objective-C 更有用，因而会更多地使用 Objective-C，特别是游戏中使用了 OS X UI 时。

我要展示如何编写一个经典游戏的新版本，这个经典游戏曾以某种不同的形式出现在几乎每一台 8 位计算机上，成为整整一代现代游戏的灵感源泉。那时这个游戏叫做 Star Trek，允许你在空间作战飞行器（Klingon）的一小块作战区域内遨游，可以在星际基地补充物资，通常能够前往任何从未去过的地方。当然，那时还没有出现所有这些“次时代”事物（比如 iPhone）；另外，那时的版权律师还不知道如何打开计算机，当然也没有机会发现这样一个全新的潜在收入来源。

因此，这个游戏在玩法上会与那些老式游戏很类似，但是为了让律师们满意，它取名为 Space Hike，你要在太空巡航舰 Expendable 中作战，阻止邪恶的 Mingon 战舰入侵太空帝国（Empire Space）。Space Hike 是专门为这本书所写。Space Hike 的具体玩法实际上就是资源管理，因为其目标是摧毁所有敌方战舰而不能耗尽能量或物资供应。由于每个星际基地或殖民星只能提供一次供应补充，所以要想消灭所有 Mingon 战舰，你必须精心管理资源。图 3-2 显示了我的兄弟 Adam 完成最终艺术处理之后得到的游戏。

图 3-2 最终的 Space Hike 游戏

这一类游戏用代码来描述和解释相当简单。另外，这个游戏还非常得益于能够根据需要快速保存并退出。正因如此，我会为你展示在 iPhone 上保存游戏数据所需代码的一个简化版本，从而能够读回数据，并在下一次启动时继续游戏。

像这样将游戏划分为小块非常适合于 iPhone。iPhone 游戏正呈现出一种“机会性”游戏的趋势。游戏玩家会在做其他事情的闲暇时间打开游戏，比如说在公交车上，或者是工作或学校的午饭休息时间。这意味着最好能允许游戏短时运行，而且当用户看到老板走近而点击 home 按钮时能自动地保存进度！

3.1 起步

需要明确游戏内容以及哪些内容会很有趣，这是编写游戏最重要的一部分。所有其他工作都只是具体解决问题的过程。对于 Space Hike，我仍沿用一种老式的游戏设计，所以对于它如何工作以及游戏中将有些什么我都很清楚，不过把它调整到 iPhone 上意味着会出现一些新的问题，特别是界面方面。

开始时，最好写一个简短的设计文档，并注明这个游戏设计需要的所有资源，如图像和声音效果。文档中还应明确其他一些方面，如游戏的流程以及需要如何建构代码。这对于每一个游戏来说可能有很大差异。Plank 最初是 Adam 和我在 Mac 游戏 ToySight 中写的一个小游戏的改版，所以设计文档中大部分内容都有关于确定应当保留原设计中的哪些因素，以及 Adam 希望对图形风格做哪些改变。Flick Fishing 有一个庞大的关键特性列表，如所需的游戏模式、效果、游戏中希望采用的“技巧”，甚至还有一个鱼类列表！ SlotZ 则更有技术性，因为整个游戏的关键是我编写的一个跟踪系统，它允许我们设计游戏中的轨迹并能使物体沿着这些轨迹快速移动。

对于 Space Hike，很明显这个游戏的玩法有两个主要模式：在太空航行和与 Mingon 战舰作战。这两个模式都是相当简单的屏幕元素①，这样我们的工作可以更容易一些。

设计中还有一个较早出现的元素，这就是游戏中涉及大量按钮和警告的文本。如果这是一个更大规模的游戏，可能还必须考虑编写一个字体系统②，但是对于 Space Hike，更简单的做法是将所有文本处理为图片，并利用一个简短例程处理数字的绘制（将数字 0 ～ 9 处理为 sprite），如图 3-3 所示。

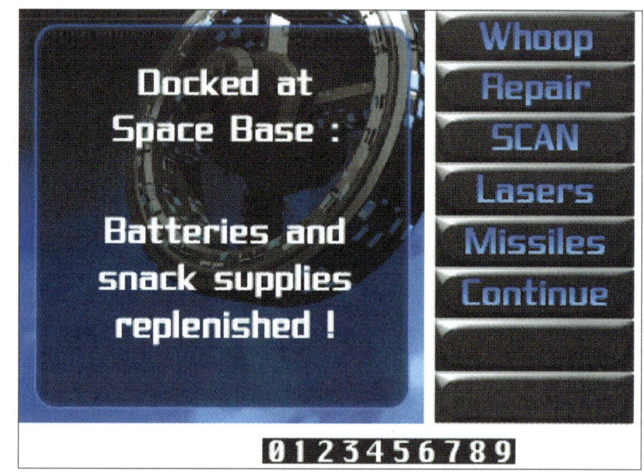

图 3-3 Space Hike 中的文本预先绘制为图像，所以我们无需创建一个字体系统。数字 0~9 作为单个 sprite 加载来显示数字

在这个阶段，最好对将要使用的图片的大小有一个大概的了解。记住要确保图片大小是 2 的幂，这样 OpenGL ES 才能高效地处理它们。

这意味着，我们必须深入到美学领域！如果你需要开发游戏，但又不希望深陷于创建艺术作品的具体细节，可以先草草完成，只把重点放在诸如图片大小和基本内容等技术性元素上，而不是力图创造出惊世杰作。这些工作完成后，可以再返回来对它们重新进

① 可以将航行模式扩展为一个完备的 3D 空间模拟器，另外可以把作战屏幕（模式）扩展为一个实时的多武器载荷作战平台，这个工作作为练习留给读者来完成。

② 利用 OpenGL 绘制时，通常更实用的做法是创建自己的字体绘制系统，每个字符使用 sprite，而不是使用系统字体。除了在屏幕上绘制字符时提供的实用性和高速度外，这种做法还能为艺术处理人员提供更大的灵活性来决定如何绘制字符以及采用何种风格。

行加工，或者把它们当作“反面教材”警示艺术处理人员，确保他们做出适当地处理，使得那些仓促完成的“草图”不会残存在最终体现他们艺术水平的游戏中。图 3-4 显示了一个鲜明的对比，前者是我为了让游戏尽快工作而匆匆完成的最初“作品”，后者则是 Adam 为中止人们对它的嘲笑而精心制作的最终作品。

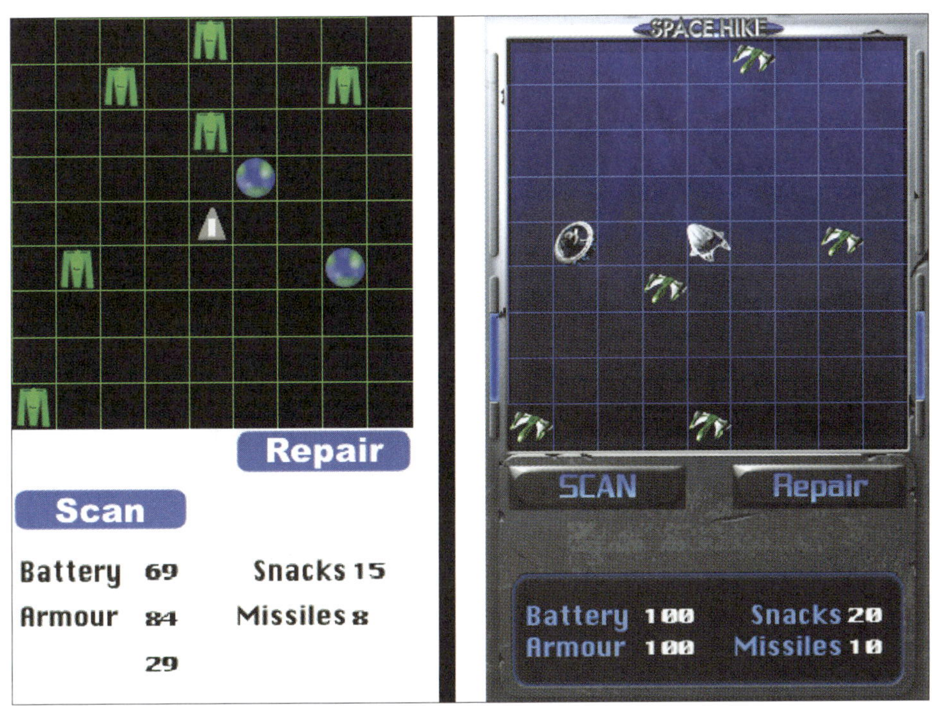

图 3-4 我原先制作的 Space Hike 外观和视觉效果大为改观的最终作品

3.2 创建工程

对于 iPhone 应用程序，开始编写游戏时，可以先从某个 Apple 示例应用程序起步，再进行调整来适应你的具体需要；这个主意不坏。不过，作为这一章的练习（而且因为这样可以得到更短更简单的代码），我会展示如何从头开始利用 New OpenGL ES 工程选项建立 Space Hike。在 Xcode 中选择 File → New Project，再选择 OpenGL ES Application，如图 3-5 所示。

将这个工程命名为 Space Hike，Xcode 会为你创建一个基本的 OpenGL ES 应用程序，你可以在此基础上完成工作。如果在模拟器中运行，你会得到一个漂亮的旋转方块。真不错！

要告诉你一个好消息，这会为你提供所需的基本功能，即可以打开一个全屏 OpenGL 窗口并在其中完成绘制，还可以利用一个渲染循环运行一个应用。这非常适合稍做修改来为你的游戏建立代码。

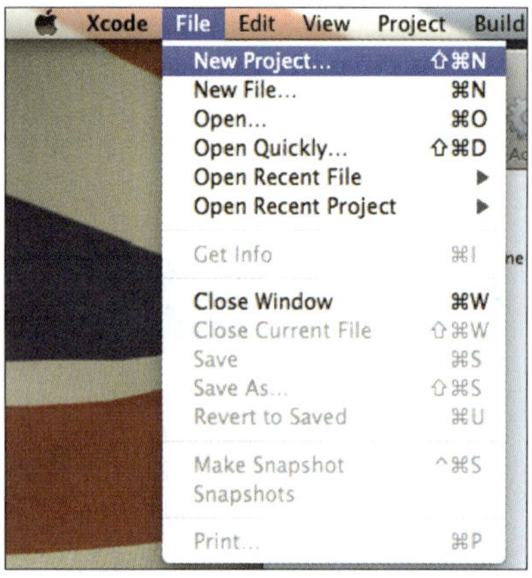

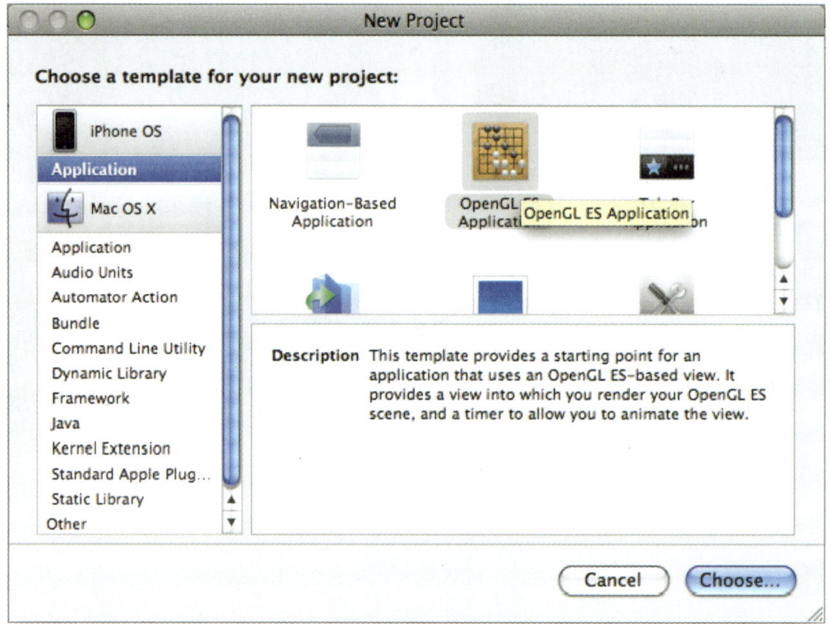

图 3-5 创建 OpenGL ES 工程

这个代码中有几个函数我们并不需要，所以要做一些修剪。在 Classes 文件夹中，找到 SpaceHikeAppDelegate.m 文件，去除以下函数的内容：

```
-(void)applicationDidFinishLaunching:(UIApplication *)application {
}
-(void)applicationWillResignActive:(UIApplication *)application {
}
```

另外，去掉以下函数的内容：

```
-(void)applicationDidBecomeActive:(UIApplication *)application {
}
```

然后在最上面的 `#import "EAGLView.h"` 代码行后面增加以下代码：

```
#import "Texture2D.h"
```

在 EAGLView.m 文件中删除下列函数：

```
-(void)startAnimation
-(void)stopAnimation
-(void)setAnimationTimer:(NSTimer *)newTimer
-(void)setAnimationInterval:(NSTimeInterval)interval
```

在 `-(void)dealloc` 函数中，删除下面这行代码：

```
[self stopAnimation];
```

以上大多数代码都只是用来绘制旋转方块，所以目前我们实际上是后退一步，即减少功能！不过，不用担心。稍稍多做一点修剪，你会得到一个精简的核心机，可以在它之上构建Space Hike（或任何其他）游戏。

接下来，在 EAGLView.m 中，将 `-(void)drawView` 函数替换为以下函数：

```
- (void)startDrawing {
    [EAGLContext setCurrentContext:context];

    glBindFramebufferOES(GL_FRAMEBUFFER_OES, viewFramebuffer);
    glViewport(0, 0, backingWidth, backingHeight);

    glMatrixMode(GL_PROJECTION);
    glLoadIdentity();
    glOrthof(-160.0f, 160.0f, -240.0f, 240.0f, -1.0f, 1.0f);
    glMatrixMode(GL_MODELVIEW);
  //  glRotatef(3.0f, 0.0f, 0.0f, 1.0f);

    glClearColor(0.5f, 0.5f, 0.5f, 1.0f);
    glClear(GL_COLOR_BUFFER_BIT);

}

- (void)endDrawing {

    glBindRenderbufferOES(GL_RENDERBUFFER_OES, viewRenderbuffer);
    [context presentRenderbuffer:GL_RENDERBUFFER_OES];
}
```

提示

对于 `startDrawing` 函数需要说明的一点是，垂直视图设置为 -160, 160 和 -240, 240，这会提供一个垂直屏幕，屏幕坐标中 X 轴是 -160 到 160，Y 轴是 -240 到 240。这使得屏幕中心位于 0,0，这样一来，在屏幕上定位元素相当容易。我原先犯过一个错误，在 Plank 中把坐标设置成 0 到 480 和 0 到 320，一开始这很简单，不过动态地对齐新对象时相当费劲，特别是 Adam 已经开始开发工程并编写了大量菜单而没有使用以下提示。

提示

如果希望使用这种坐标设置编写一个采用水平格式的游戏，则在 glLoadIdentity(); 后面增加以下代码：

```
glRotatef(270,0,0,1);
```

接下来，将 glOrthof 命令修改为：

```
glOrthof(-240.0f,240.0f,-160.0f,160.0f,-1.0f,1.0f);
```

现在，所有 GL 绘制都将采用水平模式！

这里仍然在使用 Objective-C 函数，但是与新工程的做法有所不同。这里并非将整个帧绘制都放在 EAGLView.m 中的一个函数里，而是把它分解为两个函数，分别在绘制开始和结束时调用。我仍采用 Objective-C 的原因是它们指示了 EAGLContext，所以这样做通常更容易处理，尽管其中的大多数代码都是直接的 C OpenGL 调用。

实际上，你还可以更进一步，将它移入到通用绘制例程中（特别是在你使用不同的 GL 视图时，就像 Flick Fishing 和 SlotZ Racer 中一样），不过，对于 Space Hike，这个屏幕相当简单，所以这样就可以了。

接下来，编辑 EAGLView.h 文件，从而使它与修剪后的函数集对应。删除这里所列的 3 个函数声明（startAnimation、stopAnimation 和 drawView）以及以下变量：

```
NSTimer *animationTimer;
```

和

```
NSTimeInterval animationInterval;
```

返回 SpaceHikeAppDelegate.m，然后继续，向 applicationDidFinishLaunching 增加以下代码行，这会建立一个定时器来调用帧渲染函数：

```
mTimer = [NSTimer scheduledTimerWithTimeInterval:(1.0/FPS) target:self
         selector:@selector(renderScene) userInfo:nil repeats:YES];
```

在 #import 代码行后增加以下代码。这个定时器每 1/30 秒调用一次，因此将帧速率设置为 30 FPS：

```
#define FPS 30
```

现在可以向 SpaceHikeAppDelegate.m 增加以下函数，它会以 30fps 的速率被调用：

```
-(void)renderScene
{
    [glView startDrawing];

// 这里使用 OpenGl 命令完成大量绘制
```

```
    [glView endDrawing];
  }
```

再次说明，这里的代码也是使用 Objective-C 功能更为方便，因为这里使用了 NSTimer。

除了调用开始 / 结束绘制函数（startDrawing /endDrawing）外，renderScene 中几乎所有一切都可以采用标准 C。我创建了简单的 sprite 绘制函数以避免代码中充斥一系列的 OpenGL 命令，不过这更多的是考虑易读性而没有其他目的。

取决于利用 OpenGL 绘制的内容，你可能会发现创建函数来处理所有 OpenGL 调用，或者将 OpenGL 变换、缩放和旋转调用与 DrawSprite 或 DrawModel 类型函数混合使用会更为容易。对于 Flick Fishing 和 SlotZ，我们直接使用 DrawSprite() 和 DrawModel() 函数来处理绘制调用，且通常在该调用之外调用 OpenGL 命令定位 sprite。例如：

```
glPushMatrix();
glTranslatef(x,y,0);
glRotatef(90,0,0,1);
DrawSprite(spr[SPR_ICON]);
glPopMatrix();
```

每次遇到一种特殊情况需要一个稍有不同的绘制函数时，我只是做一个修改。例如，在 Flick Fishing 中，需要根据钓鱼线上的拉力大小动态修改钓鱼杆模型。所以最后我提供了一个 DrawBendyModel() 函数，它取正常输入到 DrawModel() 函数的模型数据，并在绘制前进行修改。如果绘制函数简单直接，那么很容易快速补充，还可以动态创建新函数来增加满足游戏需求的特定功能。不要过分纠缠于为所有事件创建多功能的绘制例程；而应当在需要时再另外增加绘制例程的变型版本。

对于 Space Hike，要创建 sprite，为此需要用存储在一个结构数组中的顶点和纹理顶点数据加载纹理（稍后会有更多介绍），并使用 DrawSpriteAt 和 DrawSpriteScaledAt 等简单函数简易绘制 sprite。再次指出，这是一种简化方法，以便你继续在屏幕上增加元素和编写游戏。

下面暂不考虑绘制循环和 SpaceHikeAppDelegate，先来看如何加载纹理并用作为 sprite。

为此，我们已经增加了 Texture2D.m 和 Texture2D.h 文件。这些文件最初是 Apple 源代码的编辑版本，不过已经重写，从而更适合使用 OpenGL 加载纹理，并增加了 sprite 创建和绘制函数，而且保证整个代码是标准 C 代码而不是一个 Objective-C 类。

至于其余的代码，都可以从 Apress 网站得到，不过有几个重要问题需要说明。

基本说来，你有两个元素：一个是从磁盘加载到 OpenGL 的纹理，另一个是 sprite，这是附加了纹理的方块模型。

对于 sprite，有一个 sprite_type 结构定义如下：

```
typedef struct {
    GLuint        name;  // sprite 纹理使用的 OpenGL ID
```

```
    GLfloat    verts[12]; // 顶点数组
(2 triangles, scaled to the size of the texture)
    GLfloat    tverts[8]; // 需匹配的纹理顶点
} sprite_type;
```

对于纹理本身，结构如下：

```
typedef struct {
    GLuint name; // 保存这个纹理的 OpenGL ID
    CGSize size; // 加载图像的大小（宽度 / 高度）
    NSUInteger    width,height; // 存储纹理的实际高度
for OpenGL, rounded up to nearest power of 2
    Texture2DPixelFormat format; // 纹理的像素格式
    GLfloat maxS,maxT; // U/V 坐标修改器

} texture_type;
```

利用这两个结构，可以为 sprite 和纹理创建全局数组：

```
sprite_type gSprite[64];
texture_type gTexture[64];
```

为什么使用全局数组而不是坚持 OOP 使用存储类呢？这实际上也是出于方便考虑。在一个全局变量中搜索并查看数据往往容易得多，因为内存中只有它的一个实例，而且这是一个“规矩”的模块；另外，如果需要还可以更容易地在游戏中其他位置使用跨引用。不过它也存在缺点，这样会失去类所具有的保护性特性，所以你必须确保不会对这些全局数组做任何愚蠢的事情。对于有多个编码人员参加的更大型的项目，这就会成为一个大麻烦，这种情况下更合理的做法应当是采用一种更面向对象的方法。不过，对于一个 iPhone 游戏则有所不同，尽管类可能会为你屏蔽一些奇怪的小错误（否则你会因为这些小错误而浪费时间）但是这种简化（即不使用类）所节省的时间会远远超出因那些小错误可能损失的时间。

纹理加载例程从磁盘加载图像，确保图像的大小是一个合适的 2 的幂，然后用它创建一个 sprite（使用 `gNumSprites` 计数器跟踪已经加载的 sprite 个数）。这可以划分为几个函数。`LoadTextureImage()` 是我们具体调用来完成所有工作的函数，它首先调用 `CreateNamedImage()` 并提供一个文件名来建立一个 `CFImageRef`[①]。图像加载到内存，要检查其宽度和高度，确保它们都是 2 的幂（OpenGL ES 1.1 只允许纹理大小为 2 的幂），而且未超出大小上限。然后调用 `InitTexture()` 函数，并提供数据来创建 OpenGL 图像。将生成的 OpenGL 纹理名以及相关的纹理大小返回到下一个可用的 `gTexture[]` 中（`gNumTextures` 是这些纹理的数目），当前 sprite 编号存储在 `spr[]` 数组中，从而指定在为哪些 sprite 加载纹理。

`InitTexture()` 函数还要调用 `CreateSprite()` 函数来建立一个新的 sprite 模型显示这个纹理。

这个函数的最终结果是得到一个 `gSprite[]` 数组，其中所有纹理加载为 sprite，并有适当

① 原先的 Apple 示例使用的是 `UIImage` 和 `CGImage`，结合 OpenGL 使用时这可能导致内存问题，因为它们会在内存中缓存图像，因此会随 OpenGL 复制保留图像的一个副本，即使图像已经释放该缓存却依然保留。如果开发游戏时使用了大量图像，这就很成问题。

的顶点数据将它们按正常大小绘制。另外还有一个 gTexture[] 数组，其中只有纹理信息，这在 Space Hike 中没有直接使用，不过如果你想使用纹理来绘制 3D 模型或完成任何其他 OpenGL 绘制工作，这会很有用。

要将一个图像加载为 sprite，可以如下调用函数：

```
LoadTextureImage(CFSTR("ViewScreen"),CFSTR("png"),SPR_VIEWSCREEN);
```

这个函数已经在 SpaceHikeAppDelegate.m 的 applicationDidFinishLaunching 部分中完成。

SPR_VIEWSCREEN 是 sprite 编号枚举的一部分，这个枚举放在 SpaceHikeAppDelegate.h 中。要为游戏增加一个新的 sprite，可以将其名增加到这个枚举列表，并为它增加一个新的 LoadTextureImage 代码行。

要为一个 sprite 加载纹理时，LoadTextureImage 函数将所请求的 sprite 名存储在 spr[] 数组中，这只是所加载的 sprite 的一个方便的查找表。

这对应于 Space Hike 中的 gNumSprites 计数，不过引入这种间接性允许你插入 sprite 加载，从而可以创建无纹理的 sprite，或者创建能够在列表中任何位置重用的 sprite 而不必完全重新建立 sprite 名枚举列表。

使用 GrabSpriteSet() 函数尤其方便，它取一个纹理（已经加载为一个 sprite），并使用相同的纹理定义整个一组 sprite。例如，可以将这组 sprite 用于 Space Hike 中的按钮、图标和 0~9 数字。

增加以下 Sprite 绘制函数：

```
DrawSpriteAt(spritenum, x,y)
DrawSpriteScaledAt(spritenum,x,y,sx,sy)
```

和

```
DrawNumberAt(number,x,y)
```

这会为你提供足够的基本绘制函数来处理 Space Hike。

提示

注意，在 sprite 绘制例程中，除了 GL 调用我还使用了 glPushMatrix() 和 glPopMatrix()。这个技术在大多数经验丰富的 OpenGL 编码人员看来并不好，但是实际上它只是将当前的绘制矩阵存储在栈上，这样所有变换、旋转或缩放处理都只在当前正在绘制的对象上完成，而不会影响后续的对象。

所以，现在可以开始汇集所有游戏代码了。你已经有了足够的基本绘制工具集，可以编写任何基于 sprite 的 2D 游戏。例如，Plank 就几乎完全基于非常类似的代码，因为部分来讲它是一个学习项目，目的是让 Adam 学习一些游戏编程。

通过使用这种简单的代码，你可以迅速建立并运行游戏。这样一来，就不会错过推进编码进程的绝妙的游戏想法，而且可以领略让一切运转起来的乐趣（图 3-6）。

图 3-6 作战

当然，类似这样的快速原型也意味着，我们能在开发过程早期就遇到游戏设计问题。例如，第一次完成 Space Hike 的设计时，我原先想象的地图会把玩家周围的空间区域显示为一个 11×11 的网格，这在 iPhone 模拟器上看起来很好，使用鼠标时也不错，但是要想在真正的 iPhone 上用手指轻击一个小方格却变得很是费劲。说实话，这一点我想象得到，因为我发现只要大小小于 24×24 像素，对于正常人要用手指准确轻击这个小区域而不碰到周围的东西确实很困难。理想情况下需要 32×32 像素或更大。所以，Space Hike 的扫描地图预定义为 9×9 方格，这样每个网格方格总共就有 35×35 像素可以使用（或者如果考虑到周围的艺术设计则有 32×32 像素）。

原先我还提供了一个选项使你可以打开防护罩，这个选项是从原来的 Star Trek 游戏沿用的，打开防护罩可以减少破坏，但是要以持续的能量消耗为代价，不过对于简化的 Space Hike 游戏来说，它们并不是彩色透明的，反而增加额外一层复杂性。另外，这个选项实际上也只是 Star Trek 从美国科幻作家 E.Smith “博士” 那儿 “窃取” 来的！

Space Hike 的最初构建版本会控制你的活动，要求你首先轻击想要 “呼喊”（whoop）的位置（Expendable 使用了实验性 “Whoop” 驱动器，之所以得名是因为它制造的声音，这里没有考虑真空中有关声音的物理定律），然后再按下 Whoop 按钮将其激活。玩过一阵后，我将它简化为直接轻击想要跳至的位置，这使得 Whoop 按钮没有用了。

3.3 解决保存游戏问题

图 3-7 如果游戏不会自动保存，接听这个电话会让你的游戏数据全部丢失

我前面提到过，iPhone 游戏玩家往往只是在有时间的时候玩一小会儿。这说明，你的游戏要么很简单，玩家可以在很短的时间里玩并瞬息将它忘掉，要么你需要在玩家点击 home 按钮或接听一个来电（如图 3-7 所示）时能够保存游戏的进度和状态。

3.3.1 如何保存

幸运的是，OS X 会让你知道将要发生这种情况，它会向你的委托发送一个通知，这会触发 applicationWillTerminate 函数：

```
-(void)applicationWillTerminate:(UIApplication *)application
{
    // 保存游戏
}
```

这个通知特别有用，因为只要游戏将要被操作系统强制退出（由于收到一个来电或者用户点击了 home 按钮），就会调用这个函数。缺点是你必须快速保存数据（5 秒以内），否则操作系统就会直接中止应用程序而根本不做保存。

OS X 使用 NSUserDefaults 系统允许你在应用程序的当前用户简表中保存一组首选项。它使用了 NSDictionary 系统。另外，在 Apple 例子中，创建字典之后要注册这个字典，字典是一个对象-键对序列，要保存的各个参数必须命名并使用适当的 NSNumber 或 NSData 类型存储，通常最后会得到一个看起来很丑陋的列表，其中往往有太多的方括号以至于使用很困难。

3.3.2 如何轻松保存

要感谢 Daniel Labriet 开发的 DanLabGames，它让我开始了解到以下处理数据的方法，这种方法要直接得多，而且结合到游戏上下文中也更为容易。

可以如下建立基本字典，并向用户默认简表注册这个字典：

```
NSDictionary *dict = [NSDictionary dictionaryWithObjectsAndKeys:
                          [NSNumber numberWithFloat:63] ,
                          @"SaveGame",@"dummy",
                          [NSNumber numberWithFloat:1] ,

                          nil ]; // 终止列表
    [[NSUserDefaults standardUserDefaults] registerDefaults:dict];
```

不过，然后要使用对应存档游戏数据的一个结构，这在 AppDelegate.h 文件中定义：

```
typedef struct
{
    int check;
    int gameactive;
    int mode;
    int alert;
    int scanactive;
    colony_type colonies[NUM_COLONIES];
    evilspacealien_type mingons[NUM_MINGONS];
    int snacks;
    int batteries;
    int armour;
    int missiles;
    int locationx;
    int locationy;
```

```
} savegame_type;
```

用该结构和希望保存的数据（作为游戏首选项或保存游戏信息）创建一个 gSaveGame 变量，可以将这些数据加入该结构，并在 SaveGame 例程中做以下工作：

```
NSData * savedata;
    unsigned char * ptr;
    unsigned char * save;
    save = malloc(sizeof(gSaveGame));

    ptr = (unsigned char *)&gSaveGame;
    for(a = 0; a < sizeof(gSaveGame);a++)
    {
        *(save + a) = *(ptr + a);
    }

    savedata = [[NSData alloc] initWithBytes:save length:sizeof(gSaveGame)];
    //-------------------------------------------------
    [[NSUserDefaults standardUserDefaults] setObject:savedata forKey:@"SaveGame"];
    [[NSUserDefaults standardUserDefaults] synchronize];
```

因为这只是创建 gSaveGame 结构大小的一个数据块，并在其中存储 SaveGame 键-对象对，它会针对你增加到结构的数据进行调整，而你不必在每次做出修改时都对保存游戏字典定义做大量编辑工作。

将首选项加载回来也同样简单（我在游戏开始时做这个工作）：

```
-(void)LoadPrefs
{

    int check;
    NSData *savedata;
    savedata = [[NSUserDefaults standardUserDefaults]
dataForKey:@"SaveGame"];

// 用户首次启动游戏，设置默认值并保存
    if(savedata == NULL || gResetStats)
    {
        //    printf("RESET SCORES\n");
        gResetStats = 0;
        gSaveGame.gameactive = 0;
        [self SavePrefs];
    }
    else
    {
        [savedata getBytes:&gSaveGame length:sizeof(gSaveGame)];

        // 现在从 gSaveGame 结构获取保存的游戏数据
        check = gSaveGame.check;
// 查看我们所保存的游戏是否为正确版本
        if(check != 14020901)
        {
            // 糟糕，数据不对
            gResetStats = 1;
```

```
        }
        if(gSaveGame.gameactive)
        {
            // 获取保存的游戏数据
// 并从离开时的位置继续游戏
            ResumeGame();
            gSaveGame.gameactive = 0;
        }

    }
}
```

你会注意到，这里向数据增加了一个检查值，来确保所加载的存档游戏与当前的游戏构建版的版本号相同。你可能还希望为数据增加一个校验和。这样一来，就可以拒绝任何被破坏或包含老数据的保存游戏。一旦游戏发布，版本号通常不会变，不过在开发过程中，可以改变版本号来自动拒绝老的保存游戏，否则它可能会带来不正确的数据。

具体保存游戏时，有必要像 savegame_type 结构中一样有一个 gameactive 标志。正在玩游戏时将它设置为 1，结束游戏并返回到菜单时则设置回 0。这样一来，你就知道应用启动时是否有一个游戏要继续。

代码清单 3-1 显示了完整的游戏加载和保存函数，图 3-8 显示了为玩家提供自动保存功能的结果。

图 3-8 中断时游戏会自动保存，Mingon Empire 没有希望了

提示

这更应算是一种风格倾向，虽然很多编码人员通常使用 i、j、k、l 作为可丢弃的计数器索引变量，我却倾向于使用 a、b、c、d 等。为此有两个原因。其一是 i、j 和 l 确实很难读，查看代码时很容易与数字 1 混淆，特别是你阅读有点困难或者也像大多数编码人员一样视力不太好。第二个原因是我键入 e 或 f 时，就会知道循环嵌套太深！

代码清单 3-1 保存和加载游戏函数

```
-(void)SavePrefs
{
    int a;

    // 感谢 Dan 提供的保存 / 加载代码
    // 甚至比 Apple 专家的代码更棒 ☺
```

```
    NSDictionary *dict = [NSDictionary dictionaryWithObjectsAndKeys:
                         [NSNumber numberWithFloat:63] ,
                         @"SaveGame",@"dummy",
                         [NSNumber numberWithFloat:1] ,

                         nil ]; // 终止列表
    [[NSUserDefaults standardUserDefaults] registerDefaults:dict];

    // 将游戏数据放入已保存的游戏结构
    // 修改以使之适于你的游戏
    gSaveGame.check = 14020901;
    // 增加一个版本号，从而可以忽略
    // 来自之前游戏版本的保存数据
    // StashGame() 函数已将我们已保存的游戏数据复制到 gSaveGame
    //------------------------------------------------

    //     实际保存操作

    NSData * savedata;
    unsigned.char * ptr;
    unsigned char * save;
    save = malloc(sizeof(gSaveGame));

    ptr = (unsigned char *)&gSaveGame;
    for(a = 0; a < sizeof(gSaveGame);a++)
    {
        *(save + a) = *(ptr + a);
    }

    savedata = [[NSData alloc]
initWithBytes:save length:sizeof(gSaveGame)];
    //------------------------------------------------
    [[NSUserDefaults standardUserDefaults]
setObject:savedata forKey:@"SaveGame"];
    [[NSUserDefaults standardUserDefaults] synchronize];
}

-(void)LoadPrefs
{

    int check;
    NSData *savedata;
    savedata = [[NSUserDefaults standardUserDefaults]
dataForKey:@"SaveGame"];
    // 用户首次启动游戏，
    // 设置默认值并保存
    if(savedata == NULL || gResetStats)
    {
        //    printf("RESET SCORES\n");
        gResetStats = 0;
        gSaveGame.gameactive = 0;
        [self SavePrefs];
    }
    else
    {
```

```
        [savedata getBytes:&gSaveGame length:sizeof(gSaveGame)];

        // 现在从 gSaveGame 结构获取已保存的游戏数据
        check = gSaveGame.check;
        // 检查是否保存了正确版本的游戏
        if(check != 14020901)
        {
            // 糟糕，数据不对
            gResetStats = 1;
        }
        if(gSaveGame.gameactive)
        {
            // 获取保存的游戏数据，
            // 并从离开时的位置继续游戏
            ResumeGame();
            gSaveGame.gameactive = 0;
        }

    }


}

// ResumeGame() : 重启正常退出时保存的游戏

void ResumeGame()
{
    int a;

    gGameOver = 0;
    gGameMode = gSaveGame.mode;
    gAlert = gSaveGame.alert;
    gScanActive = gSaveGame.scanactive;
    gSnacks = gSaveGame.snacks;
    gBatteries = gSaveGame.batteries;
    gArmour = gSaveGame.armour;
    gMissiles = gSaveGame.missiles;
    gLocationX = gSaveGame.locationx;
    gLocationY = gSaveGame.locationy;

    for(a = 0; a < NUM_COLONIES;a++)
    {
        gColony[a] = gSaveGame.colonies[a];
    }
    for(a = 0; a < NUM_MINGONS;a++)
    {
        gMingon[a] = gSaveGame.mingons[a];
    }



}
```

```
// StashGame() : 检查是否有活动的游戏
// (即游戏未结束)如果有，则复制所有数据到 gSaveGame

void StashGame()
{
    int a;
    if(gGameOver == 0)
    {
        gSaveGame.gameactive = 1;
        gSaveGame.mode = gGameMode;
        gSaveGame.alert = gAlert;
        gSaveGame.scanactive = gScanActive;
        gSaveGame.snacks = gSnacks;
        gSaveGame.batteries = gBatteries;
        gSaveGame.armour = gArmour;
        gSaveGame.missiles = gMissiles;
        gSaveGame.locationx = gLocationX;
        gSaveGame.locationy = gLocationY;
        for(a = 0; a < NUM_COLONIES;a++)
        {
            gSaveGame.colonies[a] = gColony[a];
        }
        for(a = 0; a < NUM_MINGONS;a++)
        {
            gSaveGame.mingons[a] = gMingon[a];
        }

    }
    else
    {
        gSaveGame.gameactive = 0;
    }
}
```

3.4　Space Hike：具体应用

前面已经解决了游戏保存和 sprite 绘制问题，只需再加入一点游戏玩法，就会得到一个完整的游戏。下面来看如何将所有这些功能集成在一起。

3.4.1　渲染循环和基本组织

可以从 Apress 网站下载 Space Hike 的完整代码，不过主要的游戏逻辑相当直接，大多写在 renderScene 函数中，另外有几个支持函数。

对于一个更复杂的游戏，可以将功能分散到多个函数以增加渲染循环的可读性和简单性，这将很有意义。到底如何划分代码具体取决于你（或者与你共事的团队）喜欢的编码风格。

在 Space Hike 中，每一帧都会调用一次 renderScene 函数。所以，其中所做的每一件事必须只看作是这一个特定帧期间执行的代码。这说明，对于希望在不只一帧上发生的事情（如定时器和等待按钮按下），必须以原子方式加以处理，每次在 renderScene 函数中时都要检查。

例如，每一帧都需要检查一个按钮是否按下。系统会在屏幕第一次被触到时发出一个通知，EAGLView.m 文件中处理这个通知，它会检查触击了屏幕上的哪个点，如果该点在某个按钮区域内，则将 gTouched 变量设置为所点击的按钮编号。

在渲染循环中，绘制屏幕后要测试 gTouched，如果它不为 0 则相应地做出反应：

```
if(gTouched)
{
    // 在这里处理按钮触控
    // ..
    // ..
    gTouched = 0; // 一旦处理完成则重置为 0，从而不会不断重复
}
```

还要检查所有游戏变量，如 Expendable 的装甲或电池。如果任意一项用完，游戏则将其状态设置为相应的失败状态。

Space Hike 使用了一个相当简单的状态系统来跟踪游戏状态。游戏根据 gGameMode 的值相应地处理事件和游戏玩法，只需在二者之间切换，从而以相应模式显示屏幕或者暂停游戏来警告玩家。

共有 3 种状态，在 SpaceHikeAppDelegate.h 文件中定义，如下所示：

```
enum {
    MODE_MAP = 0,
    MODE_BATTLE,
    MODE_ALERT
};
```

这个游戏主要在 MODE_MAP 和 MODE_BATTLE 之间切换，这是它的两个主要屏幕。当你在一个包含敌人的地图方格上着陆时，游戏会跳到 MODE_BATTLE 状态。切换到 MODE_ALERT 状态时，会切换到对话框屏幕，其中显示 gAlert 变量中设置的相关警告消息。这里体现出将所有游戏文本置为图像的另一个好处。只需将 gAlert 设置为所需消息的相应图像面板，并将它绘制为一个 sprite。

我个人喜欢用一个单独的变量（名为 gGameOver）来显示游戏何时结束，而不是用一个 MODE_GAMEOVER 状态。这样，我首先测试 gGameOver，如果已经设置这个变量则忽略所有其他游戏状态代码。如果需要，我还可以在代码中的任何地方测试 gGameOver。确实可以简单地测试 gGameMode 查看它是否设置为 MODE_GAMEOVER，不过我发现使用独立的 gGameOver 变量更为容易。

在 Space Hike 中，我会根据游戏如何结束来设置 gGameOver 的值。共有 4 种可能的结束方式。

- GO_WON：玩家击毁了 Mingon 的所有战舰，拯救了银河系。

- GO_OUTOFPOWER：Expendable 用光了所有能量（见图 3-9）。
- GO_OUTOFSNACKS：Expendable 用光了所有储备食物。
- GO_DEFEATED：Expendable 在战争中被摧毁。

如果 gGameOver 设置为以上任何一个值，则绘制一个合适的结束屏幕，等待玩家轻击屏幕。

renderScene 函数中还出现了另外一些游戏变量，如 gScanActive，它可将地图视图改换为银河系的一个全景。所以设置这个变量后，必须以地图模式绘制不同的屏幕。

如果处于作战模式中，变量 gCombatPage 会告诉游戏应显示哪一个作战屏幕。如果将 Space Hike 写为一个实战游戏，这当然会复杂得多。幸运的是，Space Hike 很简单，所以只是根据哪一个武器开火以及是否已经摧毁对手来显示不同的屏幕。

图 3-9　真糟糕

3.4.2　游戏逻辑总览

我知道你之所以读这本书，之所以要学习如何编写 iPhone 游戏，只是为了能创建自己的绝妙游戏设计。所以 Space Hike 特别为你着想，不仅让你了解 iPhone 游戏的工作方式，而且本身没有复杂的游戏逻辑阻碍你的学习。

不过，基于现在的游戏逻辑你也能对它有所了解，并能从中抽取一些可能有助于为 iPhone 编写 Grand Rainbow Fallout Theft 4 的技巧，以下是对 Space Hike 基本游戏逻辑的描述。

Space Hike 采用回合制，游戏围绕着一个 25×25 方格的小银河系地图展开。它总是从地图模式开始，玩家能够看到一个 9×9 方格的区域以及对应 SCAN（扫描）和 Repair（修复）的按钮。

如果玩家点击 SCAN 按钮，则设置 gScanActive 标志变量，游戏将绘制完整的 25×25 方格网格，而不只是局部空间，其代价是需要耗费飞船的一点电池能量。在任意屏幕位置轻击都会清除 gScanActive（置为 0），使用户返回到正常的地图浏览模式。

玩家轻击一个地图方格时，Expendable 的位置会移动到该方格，游戏会调用 CheckNew-Location() 函数查看着陆位置。这个函数会检查你是否在一个殖民星或空间站着陆，这会导致游戏切换到 Alert（警告）状态，并显示有关补给（或不需要补给）的信息。游戏还会查看现在是否与一个 Mingon 战舰在同一个方格上；如果确实如此，则切换到作战模式。

在作战模式中，游戏玩法也是采用回合制。玩家可以发射激光或效力更强大的导弹。二者都能命中，不过导弹的毁伤威力是前者的两倍。主游戏有关于资源管理，你必须在自己的装备或电池能量用光之前摧毁敌方战舰。如果情况不太妙，还有一个紧急 Whoop 按钮，可以利用它尝试规避战争，逃到太空中的一个任意位置。

游戏根据玩家按下的按钮决定下一步操作，如开战（或逃逸）、显示相应的屏幕，并且可能要回到地图模式，或者甚至在战争结束时设置游戏结束状态。

另外还有一个模式，即 Alert 模式。游戏中的多个事件都可以激活这个模式，如在一个殖民星或空间站方格上着陆，以及点击 Continue（继续）按钮时退回到地图模式时。图 3-10 显示了游戏中发出的一个警告。

图 3-10　Alert 模式只是绘制一个面板，在背景屏幕上显示警告文本。绘制一个帧

3.4.3　绘制和处理游戏

由于 renderScene 函数大致划分为两部分：首先绘制，然后对按钮按下做出响应，因此处理各个模式的大多数代码也有相应的两个部分。

renderScene 的第一部分要绘制当前帧，所以会检查 gGameMode 变量，查看在所选的三个背景图片中使用哪一个：

```
GlColor4f(1,1,1,1);
if(gGameMode == MODE_MAP && gScanActive != 0)
{
    DrawSpriteAt(SPR_LONGRANGESCREEN,0,0);
}
else
{
    if(gGameMode == MODE_BATTLE)
    {
        DrawSpriteAt(SPR_COMBATSCREEN,0,0);
    }
    else
    {
        DrawSpriteAt(SPR_VIEWSCREEN,0,0);
    }
}
```

可以看到，你只有对应背景的 3 个不同的 sprite，每个 sprite 都会覆盖整个屏幕，并清屏以便在上面绘制当前帧的信息。

绘制的每个 sprite 分别对应不同的模式；图 3-11 显示了这些 sprite。

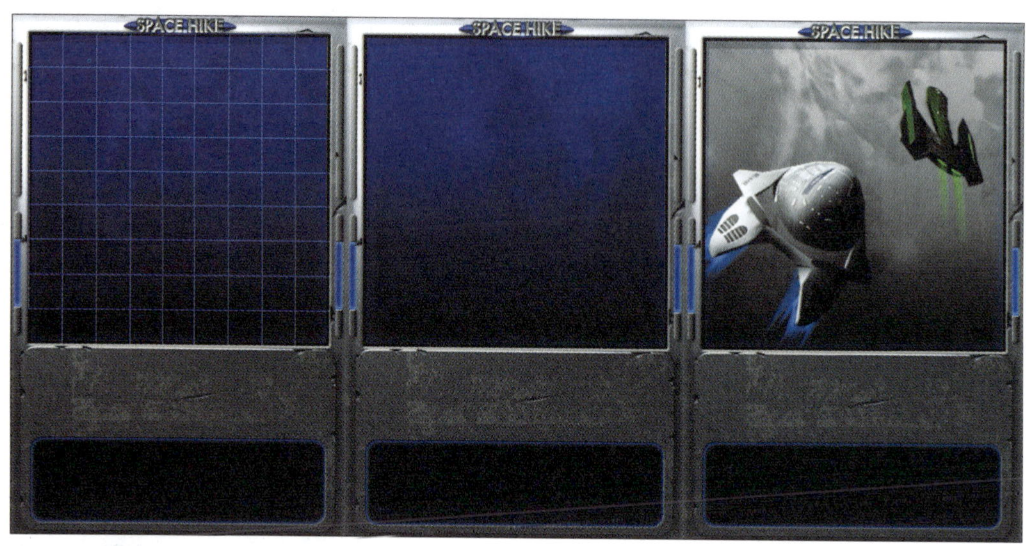

图 3-11 为清除背景，只需在整个屏幕上绘制一个背景 sprite。这里是 Space Hike 使用的 3 个不同的背景屏幕：主视图、远程扫描视图和作战模式

适当地清除和绘制背景后，可以处理游戏状态，并绘制针对当前模式的信息。

首先，检查 gGameOver 变量。如果这个变量大于 0，则游戏结束。这对玩家来说可不是好事！

```
if(gGameOver > 0)
{
    gCombatPage = 0;
    glColor4f(1,1,1,1);
    switch(gGameOver)
    {
        case GO_WON:
            DrawSpriteAt(SPR_WIN,0,0);
            break;
        case GO_OUTOFPOWER:
            DrawSpriteAt(SPR_OUTOFPOWER,0,0);
            break;
        case GO_OUTOFSNACKS:
            DrawSpriteAt(SPR_OUTOFSNACKS,0,0);
            break;
        case GO_DEFEATED:
            DrawSpriteAt(SPR_LOST,0,0);
            break;
    }
}
else // gGameOver > 0
{
    ... handle the non game over game states here
}
```

由于已经绘制了背景，“游戏结束”状态只是使用图像面板作为 sprite 来显示各个游戏结局。如果 gGameOver 为 0，游戏落入 else 状态，要绘制具体的游戏模式。

如果用户处于作战模式，由 gCombatPage 变量覆写屏幕绘制，并显示上一次开火的结果。如果不在作战模式中，游戏根据 gGameMode 做一个 switch 选择，针对各个模式绘制显示内容和按钮。

```
if(gGameOver > 0)
{
    .. game over state from above
}
else // gGameOver > 0
{
    if(gCombatPage > 0)
    {
        // 显示最后开火时的作战页面
        DrawSpriteAt(SPR_COMBATSCREEN + gCombatPage,0,0);
    }
    else // gCombatPage > 0
    {
        switch(gGameMode)
        {
            case MODE_ALERT:
                DrawSpriteAt(gAlert,0,80);
                DrawSpriteAt(SPR_BUTTON5,-80,-90);
            break;
            case MODE_MAP:
                if(gScanActive)
                {
                    DrawScannedMap(gLocationX,gLocationY);
                        }
                else
                {
                    DrawMap(gLocationX,gLocationY); // 绘制 viewscreen 地图
                }
                // 绘制按钮
                glColor4f(1,1,1,1);
                // 修复按钮
                DrawSpriteAt(SPR_BUTTON1,80,-90);
                // 远程扫描按钮
                DrawSpriteAt(SPR_BUTTON2,-80,-90);
                // 电池 / 装备统计
                DrawSpriteAt(SPR_STATS,-96,-196);
                // 储备 / 导弹统计
                DrawSpriteAt(SPR_STATS2,64,-196
                // 绘制电池能量值
                glColor4f(1,1,1,1);
                // 如果能量低，将显示着色为红色
                if(gBatteries < 25)
                    glColor4f(1,0,0,1);
                DrawNumberAt(gBatteries,-42,-180);
                // 绘制装备值
                glColor4f(1,1,1,1);
```

```
                if(gArmour < 25)
                    glColor4f(1,0,0,1);
                DrawNumberAt(gArmour,-42,-202);
                 // 绘制储备值
                glColor4f(1,1,1,1);
                if(gSnacks < 4)
                    glColor4f(1,0,0,1);
                DrawNumberAt(gSnacks,106,-180);
                // 绘制导弹值
                glColor4f(1,1,1,1);
                DrawNumberAt(gMissiles,106,-202);
                // 为了调试，绘制剩余的 Mingon 数
                //    DrawNumberAt(gMingonCount,-42,-228);
            break;
            case MODE_BATTLE:
                // 激光按钮
                DrawSpriteAt(SPR_BUTTON3,-80,-90);
                // 导弹按钮
                DrawSpriteAt(SPR_BUTTON4,80,-90);
                // 紧急 whoop 按钮
                DrawSpriteAt(SPR_BUTTON0,-80,-130);
                // 绘制电池和装甲统计标签
                DrawSpriteAt(SPR_STATS,-96,-196);
                // 绘制储备和导弹状态标签
                DrawSpriteAt(SPR_STATS2,64,-196);
                // 绘制电池值
                glColor4f(1,1,1,1);
                if(gBatteries < 25)
                    glColor4f(1,0,0,1);
                DrawNumberAt(gBatteries,-42,-180);
                // 绘制装甲值
                glColor4f(1,1,1,1);
                if(gArmour < 25)
                    glColor4f(1,0,0,1);
                DrawNumberAt(gArmour,-42,-202);
                // 绘制储备值
                glColor4f(1,1,1,1);
                if(gSnacks < 4)
                    glColor4f(1,0,0,1);
                DrawNumberAt(gSnacks,106,-180);
                // 绘制导弹值
                glColor4f(1,1,1,1);
                DrawNumberAt(gMissiles,106,-202);
            break;
        }
    }
}
```

这就是全部的绘制工作！你会注意到，在 MODE_MAP 中选择调用 DrawMap() 或 DrawScannedMap() 函数来绘制具体的地图。这些函数基本上是一样的，只是在视图中绘制的区域和比例有所不同。

```
// DrawMap(int locx,int locy) : 绘制当前屏幕 (9×9 方格)
area of the map
```

```
void DrawMap(int locx,int locy)
{
    int a;
    int x,y;
    // 更新地图图标
    // 绘制殖民星球和空间站
    for(a = 0; a < NUM_COLONIES;a++)
    {
        x = gColony[a].x - locx;
        y = gColony[a].y - locy;
        // check to see if colony is within the current scan area
        if(abs(x) < 5 && abs(y)< 5)
        {
            // 如果殖民星已经用来补给，则为其绘制阴影
            if(gColony[a].used == 1)
            {
                glColor4f(0.5,0.5,0.5,1);
            }
            else
            {
                glColor4f(1,1,1,1);
            }
            DrawSpriteAt(gColony[a].sprite, x * 32,80 - y * 32);
        }
    }
    // 绘制 Mingon
    glColor4f(1,1,1,1);
    for(a = 0; a < NUM_MINGONS;a++)
    {
        if(gMingon[a].armour > 0)   // 如果 <=0，则已被摧毁
        {
            x = gMingon[a].x - locx;
            y = gMingon[a].y - locy;
            if(abs(x) < 5 && abs(y)< 5)
            {
                DrawSpriteAt(SPR_ICON1,x * 32, 80 - y * 32);
            }
        }
    }
    // 在中心绘制 Expendable
    DrawSpriteAt(SPR_ICON0,0,80);
}
```

要存储和处理地图上所有对象的位置有两种方法。一种方法是建立一个 25×25 的整数型地图数组，将对应一个元素坐标的地图数据设置为该元素的代码。例如：

```
gMap[gColony[a].x][gColony[a].y] = MAP_COLONY;
```

这有一个好处，可以很容易地在地图上任意特定位置看到和绘制一个对象；不过这也有一个缺点，地图上的任何位置上只能有一个元素。如果对象（如这里的 Mingon）在四处移动，这种做法会有些麻烦，因为你必须清除之前的位置，并在对象移动时改变新位置。这种方法在相当老的游戏中很流行，因为它不需要耗费大量 CPU 处理能力。

另一种方法是，每次检查都迭代处理各个元素列表，这也是我在 Space Hike 中采用的方法。

从技术上讲，这意味着每次测试时游戏都要做多得多的工作，不过 iPhone 的 CPU 相当快，足以完成这种测试而不会闪烁，所以这不成问题。更重要的是，它还允许游戏在地图中的一个位置上有多个对象，所以 Mingon 战舰可以移到一个殖民星或空间站所在的方格上，而且一个方格上可以有多个 Mingon 战舰。

在前面的 DrawMap() 函数中，只是比较各个对象的坐标来查看它是否在视图屏幕区域内。一个对象坐标相对于视图屏幕中心点可能有一个偏移量，可以对这个偏移量使用 abs(x) 函数，这是完成这个测试的一种相当快速而容易的方法。

另外一个要说明的问题是，游戏以 30fps（frames per second，帧 / 每秒）的速率运行，并不等待各个帧的输入。所以，如果愿意，实际上可以在屏幕上演示动画。在 DrawScannedMap() 函数中，我调整了玩家飞船的比例，从而使其在较小比例的地图上更明显。

注意，这里使用了 fmod(a,b) 函数，使得 gShipPulse 范围在 0~360 度之间：

```
// 在中央绘制 Expendable，调整其比例从而能看到它 ☺

spritesize = (9.0 / MAP_SIZE) *
(sin(gShipPulse * RAD_DEGREE) * 0.2 + 0.8);

DrawSpriteScaledAt(SPR_ICON0,locx *
tilesize - MAP_SIZE / 2 * tilesize,80 - locy * tilesize +
MAP_SIZE / 2 * tilesize,spritesize,spritesize);

gShipPulse = fmod(gShipPulse + 16.0f,360.0f);
```

处理游戏回合

绘制了当前帧后，可以检查玩家是否点击了一个按钮并处理游戏回合。采用回合制的游戏通常是开始尝试游戏编程的一个比较容易的起点，不过只要你记住只处理特定帧期间发生的事情，那么也可以很简单地使用相同的基本代码来编写一个实时游戏。

由于 Space Hike 中的所有按钮在屏幕上都保持其位置不变，对它们的具体测试相当容易，可以通过 EAGLView.m 中的触控检测代码完成。接收到系统的一个轻击通知时进行处理，如果点击了某个按钮则设置 gTouched。

touchesBegan 是从系统得到的通知，它调用 dispatchFirstTouchAtPoint 来处理由各个触碰得来的数据：

```
// 处理触控开始
- (void)touchesBegan:(NSSet *)touches withEvent:(UIEvent *)event
{
    // 枚举所有触控对象
    for (UITouch *touch in touches) {
        // 发送到分派方法，
        // 确保作用于适当的子视图
        [self dispatchFirstTouchAtPoint:[touch locationInView:self]];
    }
}
```

```
-(void) dispatchFirstTouchAtPoint:(CGPoint)touchPoint
{
    int a,x,y;

    // 检查地图位置（11×11 方格）
    // 或 4 个按钮中的哪一个
    touchPoint.x = touchPoint.x - 160;
    touchPoint.y = touchPoint.y - 240;
    printf("x %f, y %f\n",touchPoint.x,touchPoint.y);
    // 首先查看 touchPoint 是否在地图边界以内……
    // -132,-56 到 132,216
    // 地图是按钮 1，返回 gMapX,gMapY 作为偏移坐标
    // 作战显示，轻击任意位置以继续，
    // 所以对于任意屏幕触碰只返回按钮 1
    if(gCombatPage > 0 || gGameOver > 0) {
        gTouched = 1;
        return;
    }
    if(fabs(touchPoint.x) < 144 &&
touchPoint.y > -224 && touchPoint.y < 64)
    {
        gTouched = 1; // map
        printf("mapx %f,%f\n",(touchPoint.x + 144) / 32,
(touchPoint.y + 224) / 32);
        gMapX = (touchPoint.x + 144);
        gMapY = (touchPoint.y + 224);
        gMapX = gMapX / 32 - 4;
        gMapY = gMapY / 32 - 4;

        return;
    }

    // 现在检查 4 个按钮
    // 返回 2 — 5
    for(a = 0; a < 4;a++)
    {
        // 获取按钮位置
        x = (a % 2) * 160 - 80;
        y =  (a / 2) * 40 + 90;
        printf("x = %d, y = %d\n",x,y);
        // 查看触控点是否在按钮中心的 64,16 以内
        if(fabs(touchPoint.x - x) < 64 && fabs(touchPoint.y - y) < 16)
        {
            gTouched = 2 + a;
            printf("gTouched = %d\n",gTouched);
            return;
        }

    }
}
```

按钮在屏幕上通常保持位置不变。按钮 1 是主视图屏幕，X 轴为 −144 到 144，Y 轴为 −224 到 64。

4 个按钮位置在其下方——两个横向，两个纵向。重申一次，可以使用 abs 函数（在这里是它的一个变型，即处理浮点数的 fabs()）来查看坐标是否在范围内，将触控位置与各个按钮进行比较。

所有这些代码的结果是，只要轻击一个按钮，gTouched 变量就会设置为该按钮编号。所以，只需在 renderFrame 中每一帧都测试 gTouched，并根据游戏所处的模式对按钮按下事件做出反应。

这会带来大堆的 if 语句，不过基本上大多是 Space Hike 的游戏逻辑。看起来很麻烦，不过如果稍稍加以分解，就会很直观。在帧中完成绘制之后测试 gTouched：

```
if(gTouched)
{
    // 取决于所处的模式（地图、作战还是警告）
    // 对按钮以不同方式做出响应
    printf("Button %d touched\n",gTouched);
```

首先，测试 gGameOver 变量。如果是“游戏结束”，任何按钮按下事件都会重启游戏：

```
if(gGameOver > 0)
{
    if(gTouched == 1)
    {
        InitGame();

    }
}
else
{
```

接下来，测试 gCombatPage 变量。如果这个变量已经设置，将其清除，去除屏幕上显示的作战结果：

```
if(gCombatPage > 0)
{
    // 显示作战屏幕
    gCombatPage = 0;
}
else
{
```

下面是最重要的部分！根据当前游戏模式做一个 switch 选择，处理不同的按钮按下事件：

```
switch(gGameMode)
{
    case MODE_MAP:
```

地图模式相当简单。按钮 1 是视图，所以如果处于正常的视图模式，要得出轻击了哪一个地图方格，并使玩家跳至那个位置。移动时，要调用 CheckNewLocation() 函数检查是否着陆到基地或是投入与 Mingon 战舰的战争中。

```
        switch(gTouched)
        {
```

```
case 1: // 设置跳转坐标
    // 如果扫描模式激活，将其关闭，并忽略输入
    if(gScanActive)
    {
        gScanActive = 0;
    }
    else
    {
        gDestinationX = gLocationX + gMapX;
        gDestinationY = gLocationY + gMapY;
        // 环绕 25x25 地图
        gDestinationX = (gDestinationX + MAP_SIZE) % MAP_SIZE;
        gDestinationY = (gDestinationY + MAP_SIZE) % MAP_SIZE;
        printf("destination set to %d,%d\n",gDestinationX,gDestinationY);
        if(gDestinationX != gLocationX || gDestinationY != gLocationY)
        {
            // WHOOP!
            int fuel;
            fuel = fabs(gMapX) + fabs(gMapY);
            if(fuel <= gBatteries)
            {
                gLocationX = gDestinationX;
                gLocationY = gDestinationY;
                gBatteries -= fuel;
                printf("WHOOP! to %d,%d\n", gLocationX,gLocationY);
                CheckNewLocation();
// 查看是否着陆到有意思的地方
                gScanActive = 0;
            }
        }
    }
    break;
```

远程扫描按钮很简单。假设玩家有足够的电池能量可用，将 `gScanActive` 设置为 1。绘制函数会使用 `DrawScannedMap()` 而不是 `DrawMap()` 处理余下的工作。

```
case 2: // 远程扫描
    if(gBatteries >= 5 && gScanActive == 0)
    {
        gBatteries -= 5;
        gScanActive = 1;

        printf("long range scan\n");
    }
    break;
```

修理装备也很简单。同样地，要检查电池能量，如果充足，则配备一些额外的装备。这里调用了 `CheckNewLocation()`，使得在你修理飞船时 Mingon 战舰能够移动。由于 `CheckNew-Location()` 会减少一份点心，在调用它之前要偷偷地增加一份（Expendable 机组人员在修理完成之前不允许进食）：

```
            case 3: // 修理装甲
                printf("repair armour\n");
                if(gBatteries >= 5)
                {
                    gBatteries = gBatteries - min(5,(100 - gArmour) / 2);
                    gArmour = min(100,gArmour + 20);
                    gSnacks = min(20,gSnacks + 1);
                    CheckNewLocation(); // 所以 Mingon 移动
                }
            break;
            }
        break;


        case MODE_BATTLE:
```

这里要做一些爆炸效果。或者至少要显示一些爆炸的图片！

```
            switch(gTouched)
            {
```

对于每个作战按钮，游戏要完成相关的状态切换，攻击敌舰装备，或者由于对方还击而破坏 Expendable 的装备。然后将 gCombatPage 设置为对应所按下按钮的正确显示。按下 Whoop 按钮会紧急跳转到一个随机位置——力图让玩家逃出战争，但是要以大量电池能量消耗为代价（见图 3-12）。

图 3-12　终于逃出来了

```
                case 2: // 发射激光!
                    gMingon[gAttacker].armour -= (20 + rnd(20));
                    gCombatPage = COMBAT_LASERS;

                        // PEW PEW PEW !
                        gArmour = max(0,gArmour - 5 - rnd(5));
                        gBatteries = max(0,gBatteries - 1);
                        printf("PEW PEW PEW!\n");
                        break;
                    case 3: // 发射导弹
                        if(gMissiles > 0)
                        {
                            gMingon[gAttacker].armour -= (50 + rnd(20));
                            gArmour = max(0,gArmour - 5 - rnd(5));
                            gMissiles--;
                            gCombatPage = COMBAT_MISSILES;
                        }
                        // whoosh!
                        printf("WHOOOSH!\n");
                        break;
                    case 4: // 逃跑!
                        gLocationX = rnd(MAP_SIZE);
                        gLocationY = rnd(MAP_SIZE);
                        gBatteries = min(gBatteries,rnd(5) + 10);
```

```
                    gCombatPage = COMBAT_WHOOP;
                    gGameMode = MODE_MAP;
                    printf("RANDOM JUMP to %d,%d\n", gLocationX,gLocationY);
                    break;
                }
```

每一回合战斗结束时，查看发动攻击的 Mingon 战舰的装备是否已经被摧毁。如果是，说明你赢得了这场战争，可以显示 COMBAT_WON 页面：

```
                if(gMingon[gAttacker].armour <= 0)
                {
                    gArmour = min(100,gArmour + rnd(10));
                    gSnacks = min(20,gSnacks + rnd(3) + 1);
                    gBatteries = min(100,gBatteries + rnd(10));
                    gGameMode = MODE_MAP;
                    gCombatPage = COMBAT_WON;

                    CheckNewLocation();
    // 如果这里有两个或更多 mingon
                }
                break;
```

Alert 模式极其简单。只要玩家轻击屏幕，就会直接回到地图模式：

```
            case MODE_ALERT:
                if(gTouched == 2)
                    gGameMode = MODE_MAP;
                break;
        }
    }
}
```

处理了按钮触控之后，要清空 gTouched，从而无需再考虑这个变量，直至轻击另一个按钮：

```
    gTouched = 0; // 一旦着陆重置为 0
}
```

理想的做法应当是从 Apress 网站下载整个工程，从而在整个游戏代码上下文中查看前面的代码。

我已经在代码中对你可能感兴趣的技巧增加了注释。你还会看到一些已经被注释掉的 printf() 命令。这些是我常用的一种老式调试技术，即使有专业的调试工具，但我仍在使用这个技术。直接将数据输出到显示器是一种非常容易的做法，你可以在此查看哪些数据具体经过例程，如图 3-13 所示。这些数据会留在显示器上，所以可以上下滚动从中发现规律，或者可以取出这些数据进行分析。例如，

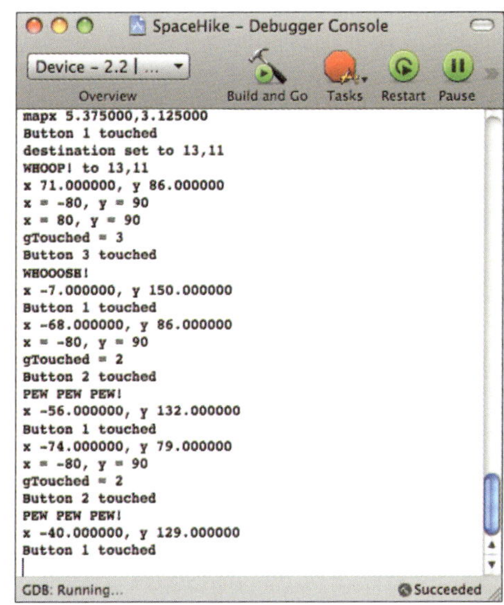

图 3-13 直接输出到显示器可能是一个极其有用的调试工具。在这里你可以跟踪按钮按下坐标，并由作战序列得出游戏流程

如果有一个 sprite 没有按你预期的方式移动，通过每一帧转储其坐标，通常能帮助你准确地查出存在什么问题，并且为你提供有关如何修正例程的很好的线索。当然，你必须确保打印的数据采用一种合适的格式，从而在显示器上滚动查看时你确实能够理解它们！

在 Space Hike 中，我需要调整 Mingon 战舰和基地的密度，检查游戏区域内所有对象的间隔情况以保证游戏确实能正常工作。通过在需要时（我在屏幕右下方放置了一个不可见的按钮用来进行调试）打印出地图网格，我可以看到任何给定回合中各个对象的位置，并查看敌人是否过于稠密地聚集在一起，或者对于玩家来说空白空间是否过多；那样的话，要想不耗尽燃料而顺利通过是不可能的。

3.4.4 改进游戏

当然，Space Hike 是一个相当简单的游戏。我故意让它如此简单是为了便于理解，不过也说明这个游戏还留有很大余地等待你做出补充，你可以尝试增加动画、增加不同的作战序列，或者只是通过扩展地图区域和增加敌人及供应基地的个数来增大游戏的规模。当然，后者可能需要多做一些考虑，因为你不仅需要重新权衡游戏，还必须考虑其他一些问题，如绘制远程扫描视图（它会放大为另一个地图尺寸，但可能看起来不太好）。保证只在 Expendable 的 25×25 网格内显示地图看上去还不错，但是需要对代码做更多修改。

增加音效会显著提升游戏的效果。在这个版本中我没有增加声音代码，这是因为，那将是一大堆看起来很繁琐的代码，而且我认为它会阻碍对这个项目主要特性的理解，具体说来，就是渲染 / 游戏循环和保存游戏函数。不过，增加声音效果确实可以作为一个理想的基本项目。

增加动画相对简单。要记住，`renderLoop` 函数每 1/30 秒调用一次，所以在屏幕上移动 sprite 是一项很容易的任务。当然，如果你希望让 Expendable 平滑地移动到新位置而不只是直接跳往，就必须修改游戏状态代码，在战舰移动过程中忽略按钮按下事件。

3.5 小结

这就是 Space Hike，或者至少是经过几次改进后的最终版本。原来的设计文档有些不同；只是为了好玩，我在 Apress 网站（http://www.apress.com）上放上了原先的设计文档，同时还提供了开始开发这个游戏时最早的图片；可以与 Adam 完成的最终作品（与构建游戏的源代码一同下载）做个比较。你也可以从 App Store 获取这个免费应用程序。

希望你在写 iPhone 游戏时获得无穷乐趣。如果你认为写这个游戏很有意思，这是一个很好的预示，往往意味着别人玩游戏时也会觉得有意思。你可以随意使用 Space Hike 代码，以它为基础进行修改来完成自己的游戏创建。或者将它用作为一个学习项目，看你是否可以为游戏增加声音效果，或者将它扩充成一个更大规模的作战系统，而不只是这一版本中简单的“不要使用过多资源”型战斗。

Brian Greenstone

所在公司：Pangea Software 公司

位置：得克萨斯州，奥斯汀

开发经历：我曾为 Apple II、Super Nintendo、Sony PlayStation 和 Mac 平台开发过游戏。

iPhone 开发经历：我创建了大量 iPhone 游戏，包括 Enigmo、Cro-Mag Rally、Billy Frontier、Beer Bounce、Bugdom 2、Nanosaur 2、Otto Matic 和 Antimatter。

本章内容：这一章包含了获得 iPhone 游戏最佳性能的有关技巧。这里提供了完成代码和资源优化的有关信息，这些信息可使游戏在最高帧速率下运行。

关键技术：

- OpenGL
- Xcode
- Objective-C

CRO MAG
RALLY
BEER
BOUNCE

第4章

Brian Greenstone 实现游戏优化的必要工作

我在 20 世纪 80 年代初就开始编写视频游戏，那时计算机的处理能力还相当有限，所以像我一样的游戏程序员必须非常擅长代码优化工作。我的老 AppleII+ 只有 64 KB RAM 和一个 1 MHz 的 8 位 CPU（这在当时已经是超强的了）；所以，毋庸置疑，每一字节内存和每一个 CPU 周期都很珍贵。从一个 sprite 的绘制循环中减少哪怕一个指令也会导致巨大差别，也许会使无法运行的游戏变得可以运行；因此，对于所写的每一行汇编代码我们都非常关注。随着 CPU 发展为如今的多核、数千兆赫兹的庞然大物，需要消除每一个不必要的循环一事已经成为过去，但是 iPhone 并不是一个多核、数千兆赫兹的大家伙，所以仍需要关注底层的优化，这个需要再次成为开发过程中一个至关重要的部分。

我为 iPhone 开发的第一个游戏是 Enigmo（图 4-1）。Enigmo 原先是我在 2003 年为 Mac 编写的一个游戏，尽管我确实花费了大量时间为这个游戏编写快速而高效的爆炸代码，但当时并不是太费劲，因为即便是在低端的 Mac 上（运行频率为 400 MHz），也足以以很快的速度运行这个游戏。不过，iPhone 的 CPU 在性能上可能接近于一个 266 MHz 的 iMac，而 Enigmo 绝对不可能运行在一个 266 MHz 的 iMac 上。所以，为了让这个游戏能够在 iPhone 上运行，我多花了两个星期的时间完成一些基本的优化，使之确实可以运行起来；在此之后，我又花了两个星期与 Apple 的工程人员共同找出了更多优化方法。最后，我终于让游戏的帧速率得以加倍。

图 4-1　原来面向 Mac OS X 的 Enigmo（左图）和面向 iPhone 的 Enigmo（右图）

在这一章，我将讨论我用在 iPhone 游戏中的很多优化技术。有些技术对于编写表现优异的游戏来说绝对是基本的，而另外一些技术总可以在某方面节省一个周期，最终累计起来可期望达到每秒多加一帧的目的。

4.1　内存问题

iPhone 和 iPod touch 只有 128MB 的 RAM，而且大部分 RAM 都由 iPhone OS 使用。因此，应用程序只能使用余下的 RAM，其数量通常不足 40MB。即便是我先前提到的 266MHz iMac 也有超过 40MB 的 RAM，所以完全可以说这是大多数 iPhone 游戏面对的头等难题。这当然也是大多数应用程序出现崩溃的原因，如果你使用 iPhone 已经有一段时间，那么肯定已经发现必须经常重启才能让应用程序平滑地运行。iTunes 中的许多应用程序描述就建议在运行之前先重启你的设备。这是因为重启 iPhone 可以释放操作系统可能正在使用的额外 RAM。有时，尽管你已经“退出”一些内置应用程序（如 Mail 和 Safari），但它们可能仍在后台运行，而这些应用程序可以很容易地将你的可用 RAM 从 40MB 降到 30MB，甚至更少。

显然，对于 iPhone 上 RAM 的使用你希望持一种非常保守的态度，不只是因为使用过多的 RAM 可能导致应用程序崩溃，还因为任何计算机系统上访问内存的速度都很慢，所以你总是希望尽可能少地访问内存。较大的纹理意味着更多的内存访问，较大的数据类型也意味着更多的内存访问，较大的声音文件同样意味着更多的内存访问，等等。你会看到，这一章中几乎每一个优化技术都在某种程度上与内存和带宽有关。

iPhone 认为运行速度太慢时会向你发出一个内存量低的警告。在你的 AppDelegate.m 文件中，应当实现以下方法：

```
- (void) applicationDidReceiveMemoryWarning:(UIApplication*)application
{
    printf("Memory Low!!!!\n");
}
```

这个内存警告通常会在你的可用 RAM 降至大约 1.5MB 时发出。可想而知，得到这个警告时你应当释放不需要的内存，不过实际上这往往不太可能。如果你的游戏是精心编写的，那么从一开始就不会允许任何游离资源“闲荡”白白浪费内存，所以这个警告事实上只能起通知你应用程序将要崩溃的作用。

对于我的游戏，我总是在开发阶段使用这个警告来查看内存使用情况。如果玩游戏时得到大量这种警告，我就需要回过头去减少一些额外的资源来释放一些 RAM。在某些游戏中，我会跟踪发出这个警告的次数，如果发生次数太多，我就会向用户显示一个警告对话框，让他们知道应当重启 iPhone。

4.2 你懂 C 吗

编写游戏所选择的编程语言会对应用程序性能产生巨大影响，你可以选择 C、C++ 和 Objective-C。

4.2.1 标准 C 是最好的

很多刚接触 iPhone 的人会有一种错误的印象，认为一切都应当用 Objective-C 编写，但是事实并非如此，特别是对于游戏尤其如此。只是在需要访问 iPhone OS 中使用了 Cocoa API 的某些特性时，才需要用 Objective-C 编程。你需要它来初始化应用程序、处理输入事件、接收通知回调（如内存量过低的警告），以及显示标准操作系统对话框，不过通常实际游戏都不需要 Objective-C。例如，在我的游戏 Bugdom 2 中（图 4-2）有大约 500 000 行代码，不过其中只有约 700 行代码是 Objective-C。

图 4-2 Bugdom 2 有大约 500 000 行 C 代码，0 行 C++ 代码，以及约 700 行 Objective-C 代码

如果你关心游戏的性能，则应当避免使用 Objective-C，因为 Objective-C 有一个运行时组件，它不仅会在执行时导致额外的计算开销，还会阻碍某些类型的编译优化，如内联和常量传播。不要误解我的意思，Objective-C 本身确实是很棒的面向对象语言，对某些类型的应用程序很有帮助，不过游戏绝对不在此列。

取决于你的信仰取向，你可以选择遵循我下面给出的建议，也可以完全不予考虑，不过我总是推荐程序员用标准 C 写代码，而不是 C++。在“过去的日子”里，C++ 编译器生成代码时会有大量的额外开销，所以游戏开发社区对于使用 C++ 都不看好，不过编译器很快改进，对于一个多核、数千兆赫兹的 CPU 来说一两个周期并没有多大影响。现在 C++ 是游戏行业最常用的 C。

也就是说，在所有 C 语言中标准 C 总是能生成最优化的代码。那么，它是不是能生成比 C++ 显著优化的代码呢？可能不是，不过如果你确实在乎每一个周期，就应当用标准 C 编程。另外，用标准 C 编程时，可以清楚地看到编译器将要生成哪些 CPU 操作码，所以通常只需移动一些代码行就可以对代码进行手工优化，这一点是编译器的优化工具无法做到的。用 C++ 编写复杂的代码时，可能就会丧失这个能力，无法看到要生成的操作码，相应地也就失去了手工优化的某些灵活性。正如前面所说，这是一种信仰问题，所以坚持 C++ 的顽固分子可能认为我是一个异教徒；不过，如果你并不局囿于使用某一种特定的编程语言，那么为保证安全建议使用老式的 C。如果你是 C++ 的忠实追随者，那么完全可以继续使用 C++。只要不对与性能有关的问题使用 Objective-C，你就是对的。

4.2.2 Cocoa 与 Core Foundation

如果你对 Mac 和 iPhone 还很陌生，可能只知道访问 iPhone OS 的 Cocoa API。访问 Cocoa API 的唯一途径就是利用 Objective-C，不过如果想尽可能避免使用 Objective-C，就应当对 Core Foundation 有所了解。Core Foundation 是 Cocoa 的 C“版本”。例如 Core Foundation 中有 `CFString`，它与 `NSString` 完全相同，只是要用 C 函数调用而不是 Objective-C 方法调用来访问这个 API。因为 NSString 和 CFString 表示的数据类型相同，所以可以交替地利用 Cocoa 或 Core Foundation API 使用这些数据块。`CFData/NSData`、`CFURL/NSURL`、`CFDictionary/NSDictionary` 和很多其他数据类型也是如此。

我尽可能经常使用 Core Foundation 调用来避免 Objective-C，不过我的项目中所有源文件仍是 .m 文件。这样一来，如果确实需要我就可以使用 Cocoa 和 Objective-C，尽管源文件中的其他代码都是标准 C 代码。

4.3 编译器优化

可以采用其他方法来改善游戏的性能，如修改一些编译器设置或者对代码稍稍做些改动。这些修改大多都很容易做到，而且效果可能很显著。

4.3.1 Thumb 指令集

要得到迅速、免费的性能提升，也许可以修改的最重要的编译器设置就是 Compile for Thumb 设置。默认地，Xcode 工程会打开这个选项，不过如果你的游戏是浮点数密集型的（大多数游戏都是如此），那么你可能希望将这个选项关闭（见图 4-3）。

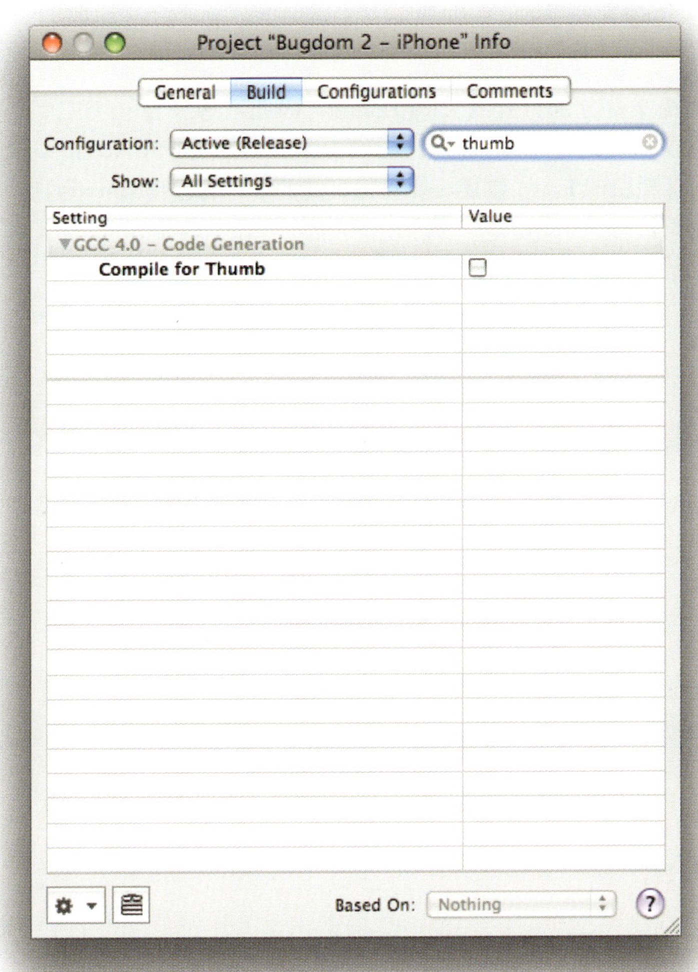

图 4-3 浮点数密集型的游戏总是应当将 Compile for Thumb 选项关闭

iPhone 中的 ARM 处理器主要有两个指令集：常规的 32 位指令集和一个称为 Thumb 的比较简单的 16 位指令集。Thumb 指令会更快地执行，因为它们更紧密，这是指编译器可以在同样大小的内存中压入两倍的 Thumb 指令。代码执行时，每秒钟会从内存获取数百万条指令，而获取这些指令需要耗费时间。如果可以将获取次数减半，就能得到性能的提升。听起来很不错，是不是？很遗憾，这对于大多数游戏并不适用，因为 Thumb 指令集只对整数操作有利，而不适用于浮点数操作。用 Thumb 完成浮点数指令其开销极其昂贵，所以在一段浮点数密集的代码中打开 Compile for Thumb 选项反而会降低性能。

我在 Enigmo 的开发中了解到这一点时，立即关闭了 Compile for Thumb 选项，来查看会发生什么情况；游戏的帧速率立即得到了 20% 的提升。Enigmo 尤其是浮点数密集型的，因为它要完成复杂的碰撞检测，所以这个简单的举措（关闭 Compile for Thumb 选项）确实能让这个游戏获益。

可以对不同的源文件分别打开或关闭 Thumb。因此，如果有一个主要是整数操作的源文件或者并不看重性能的代码（比如说，文件 I/O 代码），可以告诉 Xcode 编译这个源文件利用 Thumb 减少代码可能耗费的 RAM 数量。要对特定的源文件打开 Thumb 选项，只需在 Xcode 中选择该文件，获取其信息（Get Info），然后在 Info 对话框中选择 Build 标签页。在这里可以为文件增加编译器标志，打开 Thumb 的相应标志是 –mthumb（见图 4-4）。

图 4-4 用 –mthumb 编译器标志对单个源文件打开 Thumb 选项

4.3.2 编译器优化级别

如果在为 Mac 或 PC 开发一个游戏，编译代码进行发布时几乎总会选择 `Fastest [-O3]` 优化级别。不过在 iPhone 上，这个决策可没有那么简单，因为这里存在内存约束；因此，你可能希望选择 `Fastest, Smallest [-Os]` 优化级别，因为这会生成使用更少内存的代码。这样做不仅可以缩小代码的规模，从而为你的游戏留出更多的可用 RAM，而且（再次指出）意味着代码执行时处理器不必过多地访问内存，从而可以加快执行速度。

-O3 和 -Os 之间如何选择并不会对性能产生可察觉的明显效果，不过，如果你知道应用程序的 RAM 很紧张，就可以使用 -Os 设置来释放一些空间。如果应用程序中 RAM 不成问题，那么使用 -O3 还是 -Os 则要看你的主观意愿了。可以二者都试试，看看会不会产生可以觉察的区别。

4.3.3 优化函数调用

这里有一个小技巧，不论是否可以从中得到性能提升，这都是一个非常好的实践做法。为一个函数定义输入参数时，要确保所有只读指针都标记为常量。换句话说，如果为一个函数传入一个指针，但是这个函数只是从该指针读取数据而不会向它写数据，就要让编译器知道这一点，以便做进一步的优化。例如，以下是一个在所有 3D 游戏中反复调用的函数：

```
void NormalizeVector(const Vector3D *inVec, Vector3D *result)
{
    float length = sqrt((inVec->x * inVec->x) +
                        (inVec->y * inVec->y) +
                        (inVec->z * inVec->z));

    float oneOverLength = 1.0f/length;

    result->x = inVec->x * oneOverLength;
    result->y = inVec->y * oneOverLength;
    result->z = inVec->z * oneOverLength;
}
```

这个函数不会修改 `inVec` 指向的值，所以我们将它定义为 `const`，这就使它成为只读状态。这样做可以让调用 `NormalizeVector` 的函数知道：如果 `inVec` 已经加载到寄存器，从 `NormalizeVector` 返回时可以保持这些寄存器值而不必重新加载。如果没有将 `inVec` 定义为 `const`，调用代码必须假设 `inVec` 可能被修改，所以下一次需要这些数据时就必须重新加载值。可以考虑下面这个大大简化的例子：

```
n = theVector.x * PI;
...
NormalizeVector(&theVector, &normalizedVector);
...
q = theVector.x / EPSILON;
```

在这个代码片段中，值 `theVector.x` 将加载到一个寄存器中来计算值 n。后面 `theVe-`

ctor.x 还用于完成另一个计算，最乐观的结果是 theVector.x 仍在该寄存器中。通过将 inVec 定义为一个 const，编译器知道包含 theVector.x 的寄存器在调用 NormalizeVector 之后仍是有效的，因为 NormalizeVector 不会改变 theVector.x 中的值。

4.4 音频优化

iPhone 和 iPod touch 都是音频设备，因此，你可能认为它们都有很多一流的音频硬件，进而确保音频回放开销很小，不过事实并非如此。iPhone 实际上只有有限的音频硬件，而且大多数音频处理实际上都是通过软件完成的。因此，在一个 iPhone 游戏中音频可能开销很大，不过有一些方法可以尽量减少这些影响。

原先 Mac 版本的 Enigmo 有音乐也有声音效果，不过在 iPhone 版本中，CPU 负载过大，以致于我们无法承受播放音乐的开销，甚至声音效果都会大大影响帧速率。我第一次在 Enigmo 中加入音频时几乎得了心脏病，因为它居然导致帧速率下降了 20%。即使去掉了音乐，声音效果本身也降低了 5% 的帧速率。我的一些游戏在 Settings 对话框中给出了警告，让用户知道：如果关掉音乐，游戏会运行得更平滑。

我不打算详细介绍 iPhone 上的音频通道是如何工作的，这只会让你生厌。相反，我希望重点讨论一些格式化音频的适当方法，从而由系统得到可能的最大性能，下面先从音乐开始。

4.4.1 流式音乐回放

流式音乐通常使用 Audio Queue API 播放。这个 API 一次只能播放一段压缩音频，所以不要试图同时淡入淡出两首歌，因为这是不允许的。要在代码中改善一个音频队列的性能，对此没有多少工作可做。实际上，对此的优化主要集中在音频文件本身的格式化。不要流式播放 MP3 文件，因为这不是 iPhone 能处理的最理想格式。首选的格式是 MPEG-4 格式，而生成这种格式最可靠的方法就是利用 QuickTime Player。你所要做的就是将源音频文件加载到 QuickTime Player 中，然后从 File 菜单选择 Export（导出）。从 Export 弹出菜单选择 Movie to MPEG-4，点击 Options（选项）按钮来设置这首歌的品质参数（见图 4-5）。

不过，并非所有 MPEG-4 文件都以同样方式创建。你可能希望将导出设置（export settings）设置为高比特率的 Stereo（立体声），从而使音乐听起来效果最好。不错，如果用户正戴着耳机，这确实会让音乐听上去很棒，不过这样做会带来性能的沉重代价。我的游戏 Cro-Mag Rally 就播放立体声 128 Kbps 的音乐，播放这些音乐的代价大约是 10%，不过我发现游戏可以应付这个速度下降，所以我仍采用这种高品质。我的一些较大型的游戏（如 Nanosaur 2 和 Bugdom 2）确实已经将 CPU 利用到了极致，所以 10% 的性能下降就过大了，因此我必须将品质降低。

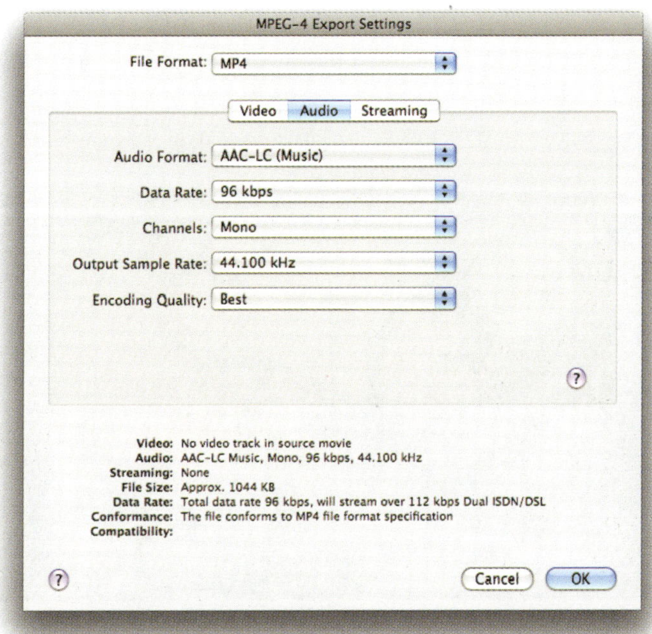

图 4-5 设置流式音乐获取最佳性能

为了减少因处理高品质音乐文件而损失的 CPU 时间，只需减少 MPEG-4 文件的数据。大多数人在他们的 iPhone 上玩游戏时都会使用内置的喇叭，所以没有必要要求歌曲是立体声的；这只会让声音系统的工作量加倍。高比特率会创建更多需要加载和处理的数据，所以降低比特率会显著减少对系统 CPU 和内存流水线的需求。对于大多数更新的游戏，我都选择将 MPEG-4 文件降低为单声道 96 Kbps。要在 iPhone 的内部喇叭上听出品质的差别几乎是不可能的，不过这个改变会使歌曲回放对性能的影响从 10% 减少到更为合理的 2% ～ 3%。

4.4.2 OpenAL 的声音效果

在 iPhone 上播放声音效果有很多方法，不过对于游戏，应当只使用 OpenAL。OpenAL 为播放多声道的声音效果提供了最为优化的方法，而且这是一个高效的跨平台 API，在很多平台上都可用。

在 OpenAL 中声音效果存储在一个缓冲区中，然后在需要时播放。这个缓冲区中声音数据的格式很关键，因为如果有 30 个声音效果要同时播放，你肯定不希望 CPU 每秒都必须做额外的工作将成千上万的采样数据从缓冲区的格式转换为 Core Audio 的内置格式。因此，所有声音效果的格式应当相同，都采用 CAFF（Core Audio File Format）格式。另外，绝对不能有这样的情况：一些声音是 22 kHz，而另外一些是 44.1kHz。所有声音必须采用相同的频率、位深度和格式，而且它们都必须是单声道的。即使只有一个与众不同的效果也会破坏音频流水线，并导致严重的性能问题。

对于 CAFF 文件，最理想的格式是 16 位，44.1 kHz，因为这是这个设备的内置格式。不过，这些声音文件可能会很快耗尽大量珍贵的 RAM，所以这种格式在很多游戏中并不实用。例如，Nanosaur 2（图 4-6）的 RAM 就相当紧张，这个游戏有大量声音效果，所以如果所有效果都是 16/44.1，游戏将无法正常工作。这些声音效果必须采用更小的格式。

图 4-6 Nanosaur 2 有太多的声音效果以至于不能采用 16 位 /44.1 kHz 的格式

最后看来，次优的格式是 16 位 /22.050 kHz。在这种情况下，Core Audio 所做的就是将所有效果混合在一个 16/22 kHz 缓冲区中，然后一次性将这个数据转换为设备的内置 16/44.1 格式。尽管这需要额外的一些 CPU 处理，但为此损失的 CPU 时间大多可以得到补偿：因为如果首先混合所有声音效果，CPU 只需处理一半的源音频。因此，实际上在 16/44.1 和 16/22 之间并不存在可察觉的性能差异。在音频品质方面稍有差别，因为即便使用 iPhone 的喇叭，你也可以区分 44.1 kHz 和 22 kHz。不过，玩一个周围不断有爆炸和开火的游戏时，没有人会注意到这个差别。尽管品质有所损失，但通过较小的文件可以节省内存空间，这往往是值得的。

幸运的是，Apple 提供了一个命令行工具 afconvert，可以将几乎任何音频文件转换为 CAFF 文件。这个工具随 iPhone SDK 安装，访问 afconvert 需要运行 Terminal 应用程序，在这里要用老式方式来执行：即从命令行执行。要生成一个 16 位 /44.1 kHz 的 CAFF 文件，输入以下命令：

```
afconvert -f caff -d LEI16 {INPUT PATH} {OUTPUT PATH }
```

或者，如果希望创建一个 16 位 /22 kHz 的文件，则输入以下命令：

```
afconvert -f caff -d LEI16@22050 {INPUT PATH } {OUTPUT PATH }
```

4.5 OpenGL 优化

如果是一个注重性能的游戏，则应使用 OpenGL 来实现所有图形需求，因为它提供了硬件加速的 sprite 和 3D 几何图形的绘制。要得到 OpenGL 的最佳性能有很多方法；再次指出，这些方法大多都要处理内存和带宽。iPhone 上的 OpenGL 版本称为 OpenGL ES 1.1，这实际上是一个针对简洁性和速度而构建的 OpenGL 精简版本。例如，在 OpenGL ES 中，不能在三角形数组中传递 4 字节的整数。相反，你只能传递 2 字节的短整型数据，因为这样可以精简数据，相应地可以更快地处理。另外，iPhone 就可能根本无法处理一个超过 65 535 个三角形的顶点数组。

4.5.1 构造一个高效的 OpenGL 绘制上下文

可以使用多种设置组合来创建一个 OpenGL 上下文，但是有些组合的表现相对更好一些。首先是渲染缓冲区位深度的问题，因为不论 iPhone 上有多少可用的 RAM，都只有 24MB 的内存用于纹理和渲染缓冲区（在 OpenGL ES 中也称为*表面*（surface））。这 24MB 并不是专用的 VRAM，而只是普通的 RAM，所以纹理和缓冲区使用的内存越多，留给应用的内存就越少。因此，应当分配一个 16 位的缓冲区而不是 32 位缓冲区。有些情况下，你可能会看到一些使用 32 位缓冲区的色带，但是这种情况很少见。另外值得一提的是，如果游戏在处理大量像素数据，32 位缓冲区可能会让系统负载过重，你有时会看到一个黑帧。简单地讲，发生这种情况是因为内存流水线过满，而 CPU 无法跟上，不过 16 位缓冲区只有一半的数据，所以流水线不会负载过大。

要建立一个 16 位的渲染缓冲区，需要使用 `drawableProperties` 字典中的 `kEAGLColorFormatRGB565` 值。还要确保将 `eaglLayer` 设置为不透明，并设置 `kEAGLDrawablePropertyRetainedBacking` 为 `FALSE`. 保留备份模式告诉 OpenGL 要保留渲染缓冲区的一个副本，以防可能需要从中读取数据，不过在一个注重性能的游戏中绝对不要这么做，所以将它设置为 `FALSE` 来避免创建和复制一个额外的缓冲区：

```
CAEAGLLayer    *eaglLayer = (CAEAGLLayer*)[self layer];

eaglLayer.opaque = YES;
eaglLayer.drawableProperties = [NSDictionary dictionaryWithObjectsAndKeys:
                                [NSNumber numberWithBool:FALSE],
                                kEAGLDrawablePropertyRetainedBacking,
                                kEAGLColorFormatRGB565,
                                kEAGLDrawablePropertyColorFormat, nil];
```

如果你在制作一个 3D 游戏，那么还需要分配一个 z 缓冲区（深度缓冲区），不过如果你在开发一个基于 sprite 的 2D 游戏，则很少需要这样一个缓冲区，所以不应分配深度缓冲区。一个不必要的 z 缓冲区只会消耗更多的 RAM，可能还会占用更多的流水线带宽。

为达到最佳性能，OpenGL 上下文应当是全屏（即 320×480），而且没有其他视图或窗口覆盖它。这说明没有 iPhone 状态条或 `UIView`，也没有任何类型的控件。另外，绝对不要对 `CAEAGLLayer` 对象应用任何 Core Animation 变换。这样做只会使 OpenGL 视图变成动画层的一个嵌套子视图，这样游戏的帧速率会陡然停滞。

如何在不使用一个动画变换来旋转视图的情况下让游戏呈水平方向，对此一些开发人员感到很困惑。这个问题的解决方案极其容易——只需将 OpenGL 投影矩阵旋转 90 度：

```
glMatrixMode(GL_PROJECTION);
glLoadIdentity();
glRotatef(-90, 0,0,1);          // 旋转场景
```

只需以上代码，就可以告诉 OpenGL 以水平模式绘制场景。不过，对 iPhone 而言，你仍处于垂直模式，所以还需要记住交换 iPhone 提供的所有 x/y 值，如触击坐标和加速计矢量。

4.5.2 避免状态改变

OpenGL 是一个庞大的状态机。你可以用它打开或关闭状态，或者将状态设置为某个值，如 glEnable(GL_BLEND)、glDisable(GL_BLEND)、glColor4f(1,1,1,1) 等。这些调用都是状态改变，而状态改变的代价很昂贵，因为它们可能会停顿流水线，即使你只是设置了一个冗余状态。换句话说，如果已经通过 glEnable(GL_FOG) 打开了雾，再利用另一个 glEnable(GL_FOG) 调用试图启用雾时，就会导致一个状态改变，尽管雾已经启用。为了避免冗余或不必要的状态改变，你需要自行缓存状态值，并且保证只在状态确实发生改变时才更新状态。你可能希望将所有导致状态改变的 OpenGL 调用替换为状态改变函数调用来完成这些状态测试。以下是一个例子，展示了如何处理 GL_TEXTURE_2D 的状态改变：

```
Boolean    gMyState_Texture2D = false;  // 初始化为
                                        // OpenGL 默认状态

void MyEnable_Texture2D(void)
{
        /* 只当在当前纹理未启用时设置状态 */

    if (!gMyState_Texture2D)
    {
        glEnable(GL_TEXTURE_2D);    // 改变状态
        gMyState_Texture2D = true;  // 缓存当前状态，从而
                                    // 在不需要时不再做这个工作
    }
}
void MyDisable_Texture2D(void)
{
        /* 仅在当前纹理启用时设置状态 */

    if (gMyState_Texture2D)
    {
        glDisable(GL_TEXTURE_2D);    // 改变状态
        gMyState_Texture2D = false;  // 缓存状态
    }
}
```

在所有代码中，应当只有这两个函数中出现 glEnable(GL_TEXTURE_2D) 或 glDisable(GL_TEXTURE_2D)。一旦需要在别处设置纹理状态，则应调用 MyEnable_Texture2D 或 MyDisable_Texture2D。你甚至可能希望建立宏而不是函数来消除函数分支的开销。在代码中应当对每一个状态改变都做此处理，甚至包括颜色改变：

```
GLfloat    gMyState_CurrentColor[4];    // rgba 颜色

Void MyColor4f(GLfloat r, GLfloat g, GLfloat b, GLfloat, a)
{
    if ((r != gMyState_CurrentColor[0]) ||  // 颜色改变了吗?
        (g != gMyState_CurrentColor[1]) ||
        (b != gMyState_CurrentColor[2]) ||
        (a != gMyState_CurrentColor[3]))
    {
        glColor4f(r, g, b, a);              // 设置新颜色

            // 缓存颜色，从而在不需要时不再做这个工作

        gMyState_CurrentColor[0] = r;
        gMyState_CurrentColor[1] = g;
        gMyState_CurrentColor[2] = b;
        gMyState_CurrentColor[3] = a;
    }
}
```

类似的，对于调用 glGetError 应当特别当心，因为这个调用也会导致流水线停顿并影响性能。适当地构建工程，使得只是在调试构建版本中才会做出 glGetError 调用，而对于优化构建版本，应当去除这些 glGetError 调用来得到最大性能。

渲染一个场景时，要尽可能同时绘制所有状态类似的对象来避免状态改变。如果在你的游戏中敌人都使用相同的纹理，则尽量逐一连续绘制所有敌人，使得纹理状态不需要再改变。或者，如果有大量对象共享某个光照方案，也应连续地逐个绘制所有对象。

4.5.3 缩减纹理大小

我移植到 iPhone 的所有 Mac 游戏（Enigmo、Cro-Mag Rally、Nanosaur2、Bugdom 2 和 Billy Frontier）都有一个共同点：如果不大幅缩减纹理大小，这些游戏都无法在 iPhone 上运行。所有 sprite 和 3D 模型纹理都缩小成了原大小的一小部分。在 Mac 上，这些纹理要求高分辨率，因为它们要在高分辨率的大显示器上显示。即使是对应游戏字体的字母等纹理在 Mac 上都需要是 64×64，不过 iPhone 的高分辨率小屏幕则接受小得多的纹理。

这些游戏中几乎每一个纹理大小都要减半，而这实际上会将内存使用量减少到四分之一。所以，256×256 的纹理会减小到 128×128，64×64 的纹理缩减到 32×32；很多情况下，我们能够将纹理减小到原来的四分之一，而在 iPhone 上的游戏中查看时不会注意到纹理质量上的差别（见图 4-7）。有时纹理并不需要一个 alpha 通道（透明度通道），这样一来，通常可以将纹理缩小到 16 位而不是 32 位，这会使内存使用量减半。由于做出了这些努力来缩减纹理大小——这正是游戏大小减少的主要原因，所以 iPhone 版本的 Bugdom 2 只有 86MB，而 Mac 版有 187MB。

图 4-7 左边是面向 Mac 的 Nanosaur 2 的天空纹理，右边是面向 iPhone 的同一纹理

纹理大小的缩减不仅可以节省空间，还可以改善游戏的性能。在 Cro-Mag Rally 中，我缩小了一些反复使用的关键纹理后，帧速率提高了大约 10%。CPU 需要处理的像素越少，运行速度就越快。我反复在强调这一点，不过还是需要重申：访问内存很不好，所以一定要尽最大努力限制从内存访问的字节数。

4.5.4 使用压缩纹理

除了直接缩减纹理大小，iPhone 还支持 PVRTC（PowerVR Texture Compression ，PowerVR 纹理压缩）。PVRTC 纹理是有损压缩纹理，取决于你选择的格式（4 位或 2 位），可以分别提供 8:1 或 16:1 的压缩比——不过它只适用于正方的 2 的幂次纹理，而不适用于长方形或非 2 的幂次纹理。这个巨大的缩减显然对内存的使用和性能会产生正面影响，大多数情况下使用 4 位压缩时很难看出差别。2 位压缩通常会导致低品质的纹理，不过也并不总是如此，所以你可以试一试，看看哪一种压缩对游戏中的各个纹理最适用。

iPhone OS 并没有提供任何内置方法来动态生成 PVRTC 纹理。实际上，你需要在 Mac 上使用一个很棒的命令行工具对它们预压缩，这个工具是 Apple 提供的，名为 `texturetool`。要运行 `texturetool`，需要启动 Console 应用程序，然后输入 `texturetool` 命令，它位于 /Developer/Platforms/iPhoneOS.platform/Developer/usr/bin/texturetool。你甚至可以输出一个预览图像，来查看压缩纹理在 OpenGL 中渲染时的效果。为了了解具体做法，下面取一个纹理，并采用 4 位格式进行压缩。首先从图 4-8 所示的原始纹理开始。

然后，使用以下命令对其压缩：

```
bin user$ texturetool -e PVRTC --channel-weighting-linear
--bits-per-pixel-4 -o Output.pvrtc -p Preview.tif Source.tiff
```

在这个命令串中，我们告诉 texturetool 使用线性加权而且每个像素 4 位来输出 PVRTC 文件。在这里，游戏将使用的输出文件名为 Output.pvrtc，预览文件是 Preview.tif，被压缩的源图像是 Source.tiff。源文件可以是 Mac 知道的任何图像格式，不过你可能应当坚持使用 PNG、TIFF 或 JPEG 格式。所得到的压缩图像如图 4-9 所示。

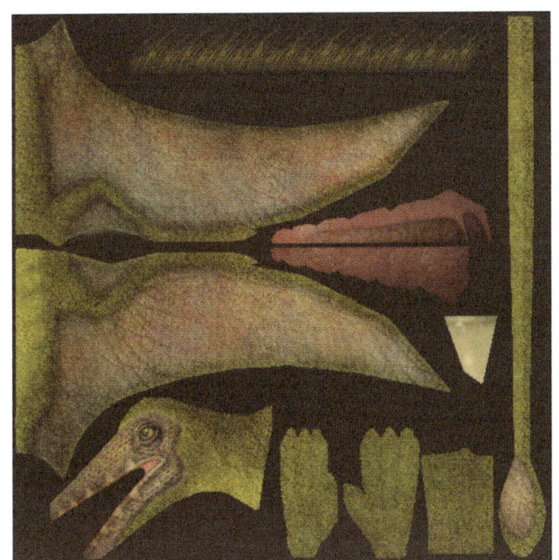

图 4-8 Nanosaur 2 中未压缩的纹理

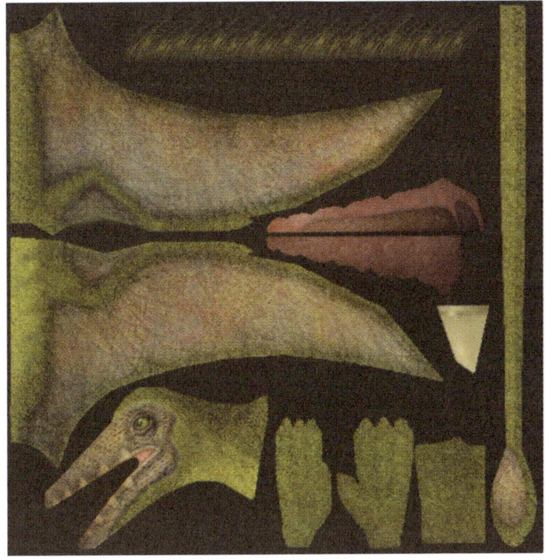

图 4-9 压缩纹理几乎与原纹理完全相同——不过大小是原来的 1/8

实际上，无法区别原始纹理与压缩纹理之间的差别。经过特别训练的人要特别仔细地查看文件时才能指出区别，不过在游戏中它们看上去完全一样。

将这个纹理加载到 OpenGL 类似于加载一个普通的未压缩纹理，不过并非调用 glTexImage2D，这里要调用 glCompessedTexImage2D。假设已经将 PVRTC 纹理加载到内存，并有指针 data 指向该纹理，则可以如下将它加载到 OpenGL：

```
GLenum      format = GL_COMPRESSED_RGBA_PVRTC_4BPPV1_IMG; // 4 位
GLsizei     widthAndHeight = 128;              // 128×128 方格纹理
Glsizei     sizeOfData     = 8192;             // PVRTC 数据的大小
GLuint      textureName;

glGenTextures(1, &textureName);                // 生成一个新纹理
glBindTexture(GL_TEXTURE_2D, textureName); // 使之成为当前纹理

              /* 将 PVRTC 数据加载到纹理 */

glCompressedTexImage2D(GL_TEXTURE_2D,
                       0,
                       format,
                       widthAndHeight, widthAndHeight,
                       0, sizeOfData, data);
```

4.5.5 几何形状数据缩减

让游戏在 iPhone 上运行时，我们首先注意的一个问题是游戏在这个设备上看上去如何。iPhone 高分辨率的小屏幕使得老的低分辨率多边形模型和纹理看上去相当不错。这种视觉效果使得艺术处理人员可以在场景中做一些大幅度的多边形缩减，甚至大幅度缩减整个对象。例如，在 Nanosaur 2 的地带上稠密地分布着树木，以至于在小小的 iPhone 屏幕上大多数细节都会被掩盖，所以我们实际上删除了超过 50% 的树木、灌木丛、岩石和其他东西，不过很难看出差别；而且，游戏看上去依然相当棒。通过消除不必要的几何形状，可以使一个原先需要 700 MHz G4 iMac 的游戏在处理能力相差很远的 iPhone 上正常运行。

显然，缩减 3D 模型的细节和数量会对性能带来极大的差别，不过除此以外还要做一些工作来加速运行，猜猜看是什么……，仍然关于内存。每次提交要绘制的几何形状、三角形索引、顶点和 UV 坐标、法坐标等时，所有一切都要通过流水线发送到 GPU 进行处理。发送的数据越多，需要的时间就越长。所以，你希望尽可能地精简顶点数组来得到可能的最大性能。

OpenGL ES 专为支持移动平台设计，所以这要求你做一些数据缩减而不论你是否愿意。在 OpenGL ES 中，甚至 gl.h 头文件中没有定义数据类型 `GL_INT`，因为这个 OpenGL 版本不允许传递整数作为三角形数组索引。这里有一个假设，你绝对不会有超过 65 535 个顶点的单一几何形状（对于所有移动设备来说，这是一个很合理的假设），所以没有必要使用 4 字节的整数来表示三角形索引。传递 2 字节的 `GL_UNSIGNED_SHORT` 索引只会使用一半的内存，而且只需要一半的流水线带宽来处理：

```
glDrawElements(GL_TRIANGLES, numTriangles*3,GL_UNSIGNED_
SHORT,&triangleData);
```

在其他顶点数组（颜色、UV 和法坐标）中仍然可以发送 32 位的浮点值，不过通常都会使用字节，这会使数据大小减少 75%。顶点颜色数组就很适合使用这种技术，因为确实没有必要用一个昂贵的浮点值表示顶点颜色分量。在一个浮点值 RGBA 颜色和一个基于字节的 RGBA 颜色之间，你根本看不出任何差别：

```
glColorPointer(4, GL_UNSIGNED_BYTE, 0, colorArray);
```

如果要绘制 sprite，很可能 UV 值都是 0 或 1，所以也没有必要将这些值表示为浮点值，同样可以将它们表示为字节：

```
glTexCoordPointer(2, GL_UNSIGNED_BYTE, 0, uvArray);
```

4.5.6 限制绘制调用数量

每一个 `glDrawElements` 调用都存在相当大的开销，所以你总是希望在每个调用中绘制尽可能多的几何形状。在基于 sprite 的游戏中，需要绘制大量 4 顶点多边形，这往往是不可避免的，但是有些情况下只需稍做努力就可以将多个 sprite 组合到单个绘制命令中。对此的一个例子，就是我在大多数游戏中使用的粒子效果引擎。Antimatter 是我编写的一个游戏，其中有成千上万个粒子 sprite 在屏幕上飞来飞去，如果其中各个粒子作为一个单独的四边形绘制，游戏的运行速度可能是 1fps。所以，我在代码中做了以下工作：将所有单个 sprite 排队，为它们建立大的顶点数组，这些大的顶点数组再作为一个几何形状提交。如果屏幕上有 600 个红火花，我会构建一个包含 1 200 个三角形的顶点数组并一次提交。这样一来，效率会非常高（见图 4-10）。

甚至可以使用所谓的纹理地图集（texture atlas）来优化对象，如状态条中的 sprite（见图 4-11）。纹理地图集就是一个纹理，其中包含多个对象的图像数据。如果一个纹理可以由场景中的多个不同 sprite 共享，那么这些 sprite 可以合并到一个几何形状中，从而只需一次提交给 OpenGL 而不必每个 sprite 分别提交一次。

图 4-10 游戏 Antimatter 将各个粒子 sprite 组合到大的顶点数组中来得到最优性能

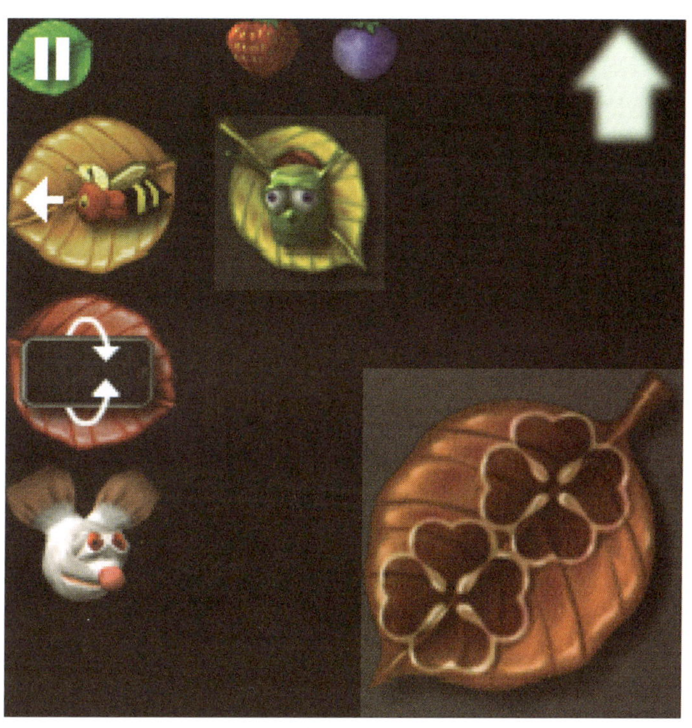

图 4-11 将多个纹理合并为一个纹理来得到最优性能

4.6 性能工具

Apple 提供了两个非常有用的工具来分析 iPhone 应用程序的性能：Instruments 和 Shark。Instruments 工具对于跟踪内存使用和监视其他系统分配（如 Objective-C 对象或 OpenGL 资源）很有用。另一方面，Shark 则用于查找代码中的性能瓶颈，在操作码级查看 CPU 大部分时间都用在哪里。

4.6.1 使用 Instruments

Instruments 可以跟踪应用程序中发生的不同情况，而且我发现它在跟踪内存使用方面最为有用。利用 Instruments，你可以看到空闲和在用内存的一个实时显示。所以，这不仅有助于确定 RAM 紧张程度，还可以帮助了解游戏中的故障点。

要使用 Instruments，可以直接从 Xcode 用 Run 菜单中的 Start With Performance Tool 项直接启动，不过我建议手工地从 Developer/Applications 文件夹启动 Instruments，因为这样可以提供一个更好的机会，使你能够在数据采样之前对它进行配置。启动 Instruments 时，它会要求你选择一个模板，这里请选择 Blank。现在，要设置它来跟踪内存使用，查看 Library 窗口，找到 Memory Monitor 工具（图 4-12），并将它拖到主 Instruments 窗口。

接下来，需要告诉 Instruments 要处理哪个应用程序，这要在 Default Target 弹出菜单中设置。可以告诉它关联到一个现有的进程（如果游戏已经在运行），或者启动设备上安装的某个应用程序（见图 4-13）。

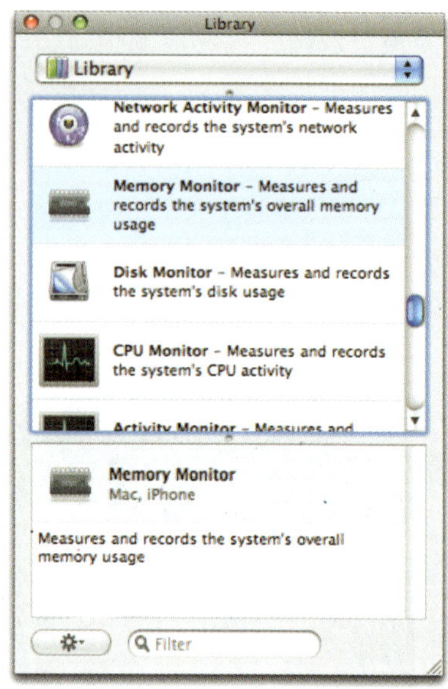

图 4-12 可以从数十个不同工具中选择其一进行监控

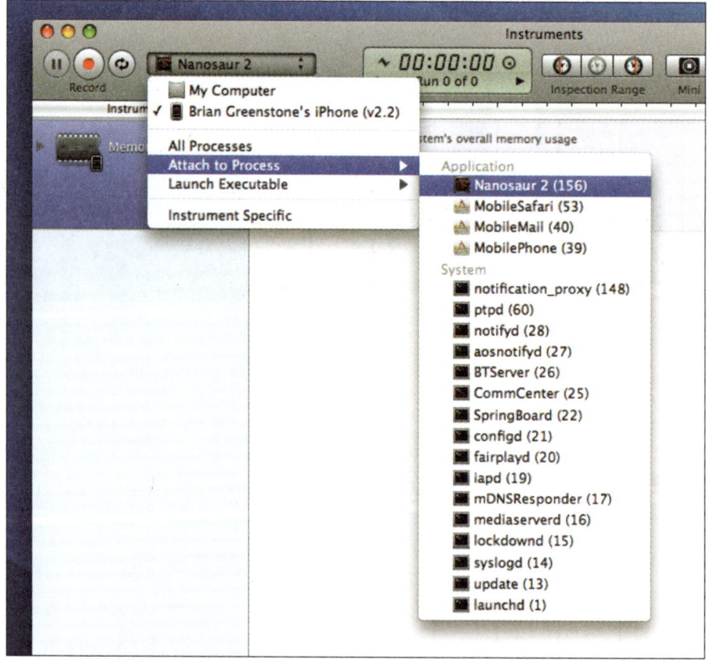

图 4-13 从进程或可执行应用列表选择应用程序

点击 Record 按钮开始数据采样。你会看到一个指示内存使用的图；不过，更有用的做法是点击窗口底部的 Diagram View 按钮，然后点击 # 列，让它在列表上方显示最新的采样数据。这样一来，你可以很容易地看到内存使用的实际状态，以及它是如何变化的（图 4-14）。

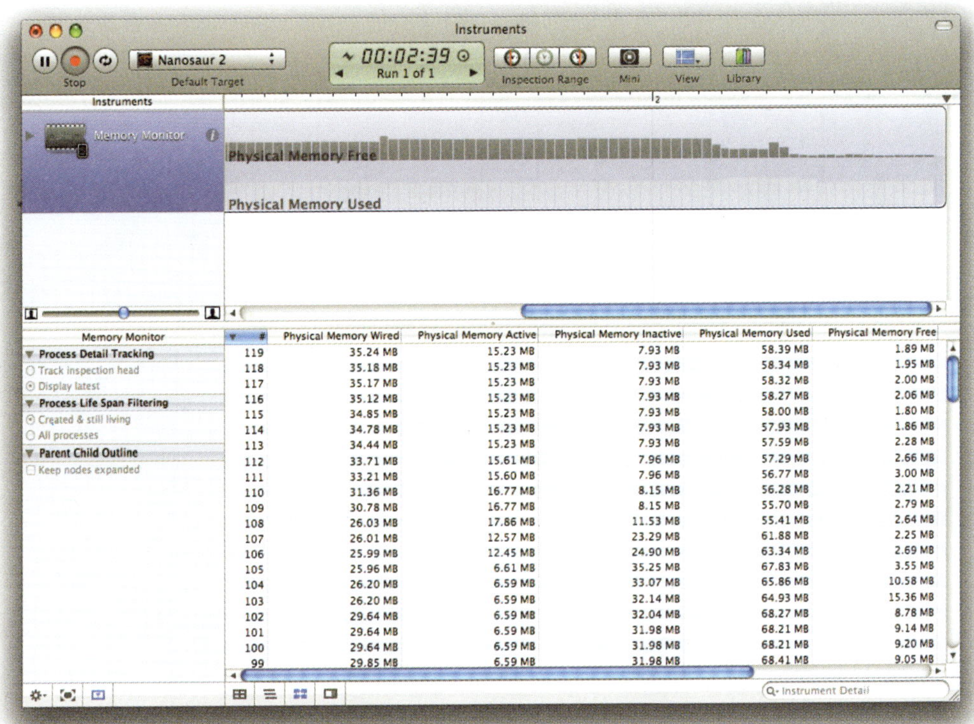

#	Physical Memory Wired	Physical Memory Active	Physical Memory Inactive	Physical Memory Used	Physical Memory Free
119	35.24 MB	15.23 MB	7.93 MB	58.39 MB	1.89 MB
118	35.18 MB	15.23 MB	7.93 MB	58.34 MB	1.95 MB
117	35.17 MB	15.23 MB	7.93 MB	58.32 MB	2.00 MB
116	35.12 MB	15.23 MB	7.93 MB	58.27 MB	2.06 MB
115	34.85 MB	15.23 MB	7.93 MB	58.00 MB	1.80 MB
114	34.78 MB	15.23 MB	7.93 MB	57.93 MB	1.86 MB
113	34.44 MB	15.23 MB	7.93 MB	57.59 MB	2.28 MB
112	33.71 MB	15.61 MB	7.96 MB	57.29 MB	2.66 MB
111	33.21 MB	15.60 MB	7.96 MB	56.77 MB	3.00 MB
110	31.36 MB	16.77 MB	8.15 MB	56.28 MB	2.21 MB
109	30.78 MB	16.77 MB	8.15 MB	55.70 MB	2.79 MB
108	26.03 MB	17.86 MB	11.53 MB	55.41 MB	2.64 MB
107	26.01 MB	12.57 MB	23.29 MB	61.88 MB	2.25 MB
106	25.99 MB	12.45 MB	24.90 MB	63.34 MB	2.69 MB
105	25.96 MB	6.61 MB	35.25 MB	67.83 MB	3.55 MB
104	26.20 MB	6.59 MB	33.07 MB	65.86 MB	10.58 MB
103	26.20 MB	6.59 MB	32.14 MB	64.93 MB	15.36 MB
102	29.64 MB	6.59 MB	32.04 MB	68.27 MB	8.78 MB
101	29.64 MB	6.59 MB	31.98 MB	68.21 MB	9.14 MB
100	29.64 MB	6.59 MB	31.98 MB	68.21 MB	9.20 MB
99	29.85 MB	6.59 MB	31.98 MB	68.41 MB	9.05 MB

图 4-14 可以监视实时的内存使用

这里最重要的列是 Physical Memory Free 列，因为这会告诉你设备上还有多少可用的 RAM。一般经验是，只要超过 4MB 就是安全的，如果介于 2MB 和 4MB 之间就开始有些危险，如果小于 2MB 就过低了，问题有些严重。一旦达到 1.5MB，iPhone OS 通常开始发出 `applicationDidReceiveMemoryWarning` 通知。如果少于 1MB，应用程序随时可能崩溃。

还可以用它快速检测大的内存泄漏。为此，在游戏的菜单屏幕上查看有多少可用内存，观察你玩某一关游戏时可用内存会减至多少，然后结束游戏并返回菜单屏幕。如果释放这一关的所有数据，Physical Memory Free 值应当恢复为其初始值，但是如果前后相差 10MB，那么可以肯定某处存在内存泄漏。

4.6.2 使用 Shark

有经验的程序员通常都有足够的技巧，能够知道代码中哪些部分会导致瓶颈，不过最好还是经常通过 Shark 运行代码并将它作为一个完好性检查，查看是否有某些关键的循环可以得到改善。Shark 应用程序位于 Developer/Applications/Performance Tools 文件夹。

说明

> Shark 程序连接到 iPhone 时很挑剔。iPhone 中使用 Shark 之前一定要先关掉电源并重启 iPhone。

要让 Shark 提供有用的信息，需要确保 Xcode 在为应用程序生成符号。正常情况下，对于游戏的部署构建版本，你会打开符号去除（symbol stripping）选项，但是为了正确地使用 Shark，需要关闭所有符号去除选项（见图 4-15）。

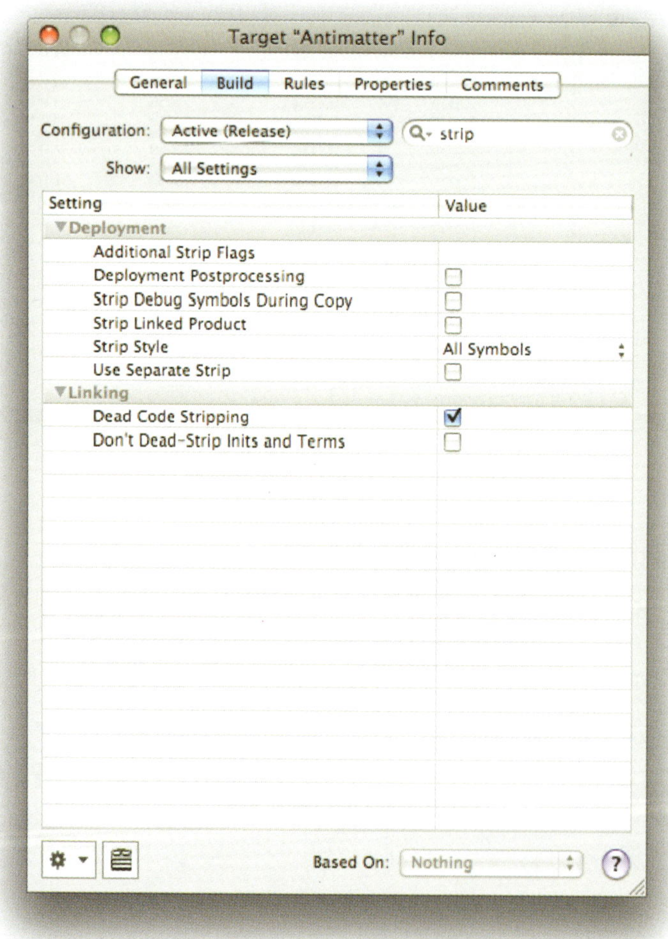

图 4-15　确保关闭符号去除

启动 Shark 时会看到一个窗口，其中列出了已连接的所有 iPhones 和 iPod touch（见图 4-16）；不过，如果没有看到连接的设备，需要确保你已经在 Sampling 菜单中选择了 Network/iPhone Profiling。你的设备确实出现在列表中时，点击 Use 复选框来激活设备进行采样。点击这个复选框后，有时必须等待几秒钟才会发生变化。

说明

有些时候，Shark 会显示一个超时错误“The computer you selected has not responded to network traffic”（你选择的计算机未对网络通信做出响应），这个错误很难解决。重启 Mac 和 / 或 iPhone 可能有帮助，也可能没有帮助。唯一已知的可靠方法就是等待几小时再重试。

现在，在 iPhone 上启动游戏。一旦游戏开始运行，在 Shark 的 Target 弹出菜单中选择这个游戏。这样一来，Shark 只会为你的应用程序收集采样数据，而不考虑其他应用程序。

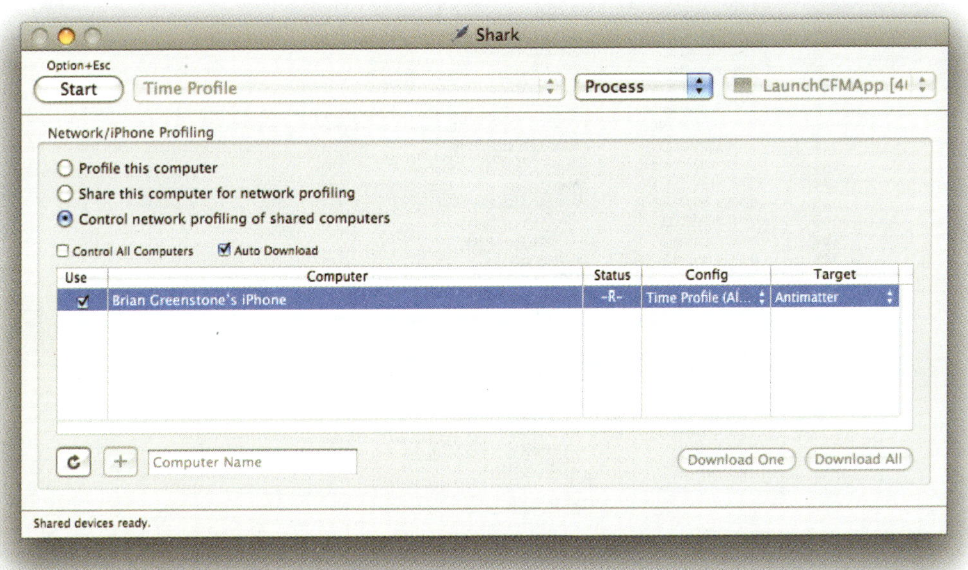

图 4-16 选择 Use 复选框，然后选择目标设备

开始采样之前，最好让游戏运行到你想要进行性能测试的位置。换句话说，跳过一系列的标题、菜单屏幕等，进入到游戏中你真正关心性能的阶段。一旦游戏进行到你希望的位置，在 Shark 中点击 Start 按钮开始收集性能数据。在此期间，你的应用程序运行可能有些不流畅，不过这是正常的。让它运行尽可能长的时间，因为收集到的采样数据越多，性能分析就越准确。

一旦认为已经收集到足够的数据，点击 Stop 按钮，并准备等待。Shark 总是会显示消息“Shared devices processing samples”（共享设备处理采样数据）。在此期间，不要退出你的应用程序。否则通常会导致 Shark 被锁定，所以要耐心一些，等待消息变为“Analyzing samples”（分析采样数据）。

说明

> 如果“Shared devices processing samples”消息 1 分钟后还没有消失，说明 Shark 可能再次被锁定了，所以需要退出并重试。

完成分析过程时，会显示一个 Time Profile 窗口（见图 4-17）。

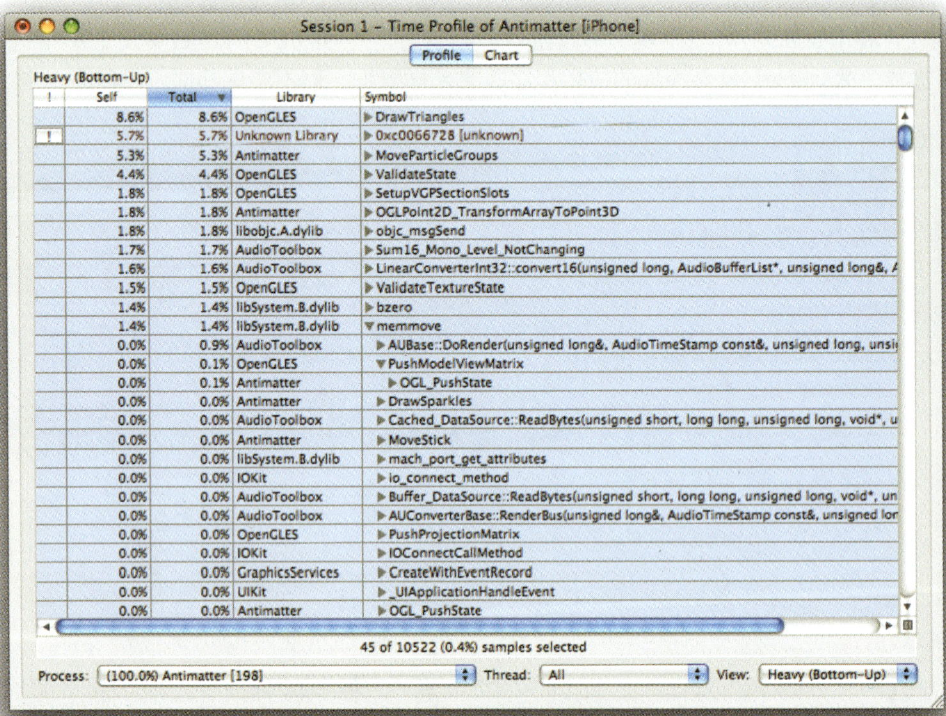

Session 1 – Time Profile of Antimatter [iPhone]

Profile　Chart

Heavy (Bottom-Up)

!	Self	Total	Library	Symbol
	8.6%	8.6%	OpenGLES	▶DrawTriangles
!	5.7%	5.7%	Unknown Library	▶0xc0066728 [unknown]
	5.3%	5.3%	Antimatter	▶MoveParticleGroups
	4.4%	4.4%	OpenGLES	▶ValidateState
	1.8%	1.8%	OpenGLES	▶SetupVGPSectionSlots
	1.8%	1.8%	Antimatter	▶OGLPoint2D_TransformArrayToPoint3D
	1.8%	1.8%	libobjc.A.dylib	▶objc_msgSend
	1.7%	1.7%	AudioToolbox	▶Sum16_Mono_Level_NotChanging
	1.6%	1.6%	AudioToolbox	▶LinearConverterInt32::convert16(unsigned long, AudioBufferList*, unsigned long&, A
	1.5%	1.5%	OpenGLES	▶ValidateTextureState
	1.4%	1.4%	libSystem.B.dylib	▶bzero
	1.4%	1.4%	libSystem.B.dylib	▼memmove
	0.0%	0.9%	AudioToolbox	▶AUBase::DoRender(unsigned long&, AudioTimeStamp const&, unsigned long, unsi
	0.0%	0.1%	OpenGLES	▼PushModelViewMatrix
	0.0%	0.1%	Antimatter	▶OGL_PushState
	0.0%	0.0%	Antimatter	▶DrawSparkles
	0.0%	0.0%	AudioToolbox	▶Cached_DataSource::ReadBytes(unsigned short, long long, unsigned long, void*, u
	0.0%	0.0%	Antimatter	▶MoveStick
	0.0%	0.0%	libSystem.B.dylib	▶mach_port_get_attributes
	0.0%	0.0%	IOKit	▶io_connect_method
	0.0%	0.0%	AudioToolbox	▶Buffer_DataSource::ReadBytes(unsigned short, long long, unsigned long, void*, un
	0.0%	0.0%	AudioToolbox	▶AUConverterBase::RenderBus(unsigned long&, AudioTimeStamp const&, unsigned lon
	0.0%	0.0%	OpenGLES	▶PushProjectionMatrix
	0.0%	0.0%	IOKit	▶IOConnectCallMethod
	0.0%	0.0%	GraphicsServices	▶CreateWithEventRecord
	0.0%	0.0%	UIKit	▶_UIApplicationHandleEvent
	0.0%	0.0%	Antimatter	▶OGL_PushState

45 of 10522 (0.4%) samples selected

Process: (100.0%) Antimatter [198]　Thread: All　View: Heavy (Bottom-Up)

图 4-17　Shark 生成的 Time Profile 窗口

在 Time Profile 窗口底部的 View 弹出菜单中选择 Heavy（Bottom-Up），对数据排序（其中 CPU 密集度最大的函数列在最上面）。在这里，我对 Antimatter 进行了性能测试，可以看到开销最大的函数是 `DrawTriangles`，这实际上是 OpenGL ES 库中的一个函数（这一点可以从 Library 列看出）。作为 Antimatter 本身的函数，第一个出现的是 `MoveParticleGroups`，由此

可以知道 `MoveParticleGroups` 是我的代码中开销最大的函数，它占用了 5.3% 的 CPU。这是有道理的，因为 Antimatter 实际上是一个粒子效果游戏，`MoveParticleGroups` 正是它的主要工作。

在 Time Profile 窗口中可以双击某个函数并进一步仔细地查看它。这里才体现出 Shark 的真正魔力，因为在这里可以看到你原先的代码以及由编译器生成的实际 ARM 汇编指令。它显示了一个逐行明细表，指出各个指令花费了多少时间（图 4-18）。

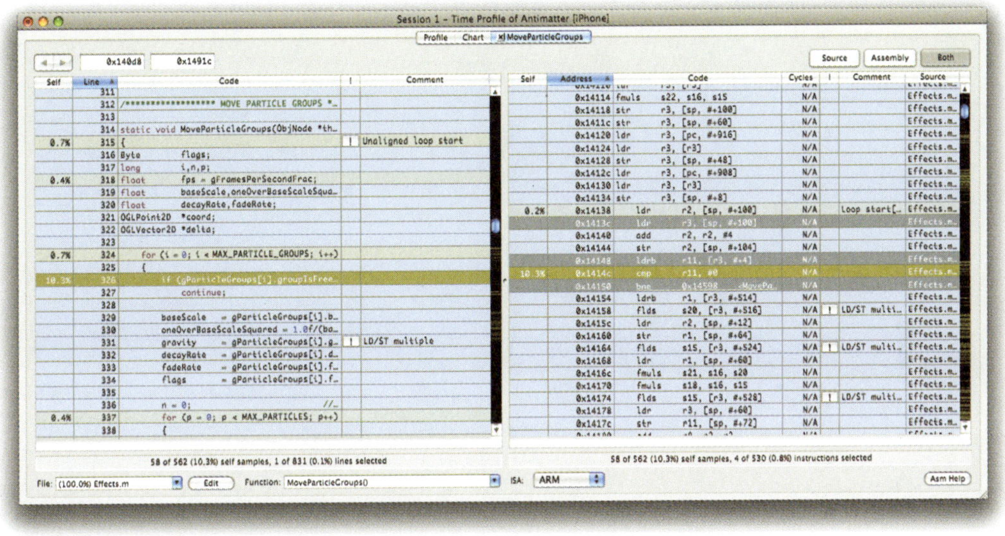

图 4-18　Shark 对 `MoveParticleGroups` 函数的分析

在这里可以选择左边的一个源代码行，Shark 会在右边显示与之对应的汇编指令。要注意，不要过多地关注每个操作码的时间百分比，因为每次对应用进行性能测试时这些值都可能会有显著的变化。不过，让 Shark 捕获采样数据的时间越长，这些值就会越准确。

在这里，你确实需要依赖于自身的编程能力来确定哪里可以改善性能。另外，如果你能读懂汇编代码会有很大帮助。你并不需要是一个 ARM 汇编专家，因为 ARM 操作码看上去与任何其他体系结构的操作码很相似，所以很容易读。只需查找看起来要生成大量负载和存储命令的源代码行，然后考虑是否有办法重写这个函数，使它不再需要生成过多负载。另外，还要当心不必要的分支，因为分支开销很大而且可能会使执行停顿。

4.7　小结

这一章中，你学到的知识将帮助你提高游戏的帧速率。一个更快、更平滑的游戏对于玩家来说往往会提供更好的体验，所以一定要花时间尽可能消除每一个可消除的 CPU 周期。很多时候你可能会花大量时间处理一个优化，但是并没有得到显著的效果，这种情况非常常见，不过所有优化累积在一起必定带来差别。

在 Apple 的 iPhone Developer 网站上还有一些关于优化策略的资源。而你所能做的最有用的一件事，就是参加 Apple 的 WWDC（Worldwide Developer's Conference，全球开发者大会）。在 WWDC 上，你会直接接触到 Apple 工程人员，他们会查看你的代码、提供建议，并与你一起寻找方法来提高速度。

Olivier Hennessy 和Clayton Kane

所在公司： PosiMotion 公司

位置： 佛罗里达，奥蒙德比奇

开发经历： 作为一个机械工程师和工业设计人员，我（Olivier）设计并开发过高端建筑学音频组件，以及 iPod 和 iPhone“船坞平台”（docking station）。我用过的软件平台包括：SolidWorks、Solid Edge、Photoshop 和其他多种 2D/3D 设计软件包。

作为一个系统工程人员，我（Clayton）曾为私营企业，以及美国国防部和本土安全部研究并开发过 GPS 和行人导航系列中的创新产品。

IPhone 开发经历： 作为 iPhone 开发人员，我们相信多样性是生活的调味剂。我们的 PosiMotion 游戏就能很好地反映这一点。我们的所有应用程序都列于 http:// www.posimotion.com/ index.php?argv=apps。

本章内容： 这一章涵盖了构建一个成功游戏（从试制到实现）的全部步骤。你将了解设计、执行和细节对于开发一个精美的 iPhone 游戏是何等重要。你还会得到关于创建人工智能以及使用 iPhone 特殊特性的一些技巧，从而让你的游戏提高趣味性。

说 明： 特别感谢 Steven Mattera、Lisa Hoffman、Miklos Kamondi、Patrick Cossette 和 Joshua Kitchener。

关键技术：

- 加速计
- Core Location 框架
- Core Animation 框架
- 游戏引擎

第5章

成功之道始于游戏设计文档

在PosiMotion，我们的任务是开发种类繁多的各种游戏。我们的目标是充分利用、同时挑战移动技术的能力。无可争议，iPhone是当前最富革命性的移动平台。这是因为在这样一个让人赏心悦目的移动设备中集成了各种令人惊叹的特性。iPhone SDK允许从开发人员层次访问这个平台的大多数关键特性（只需几行代码或者一些特殊框架），这使我们的生活更为轻松。我们最喜欢的特性包括加速计、多指触控接口、OpenGL ES支持、Core Animation框架和Core Location框架。设计一个游戏时，我们尽可能充分利用这些特性，创造最吸引人、最让人满意的最终用户体验。

这一章将讨论PosiMotion公司在游戏开发过程中所经历的预制和生产阶段。预制阶段包括创建游戏远景（也叫做概念开发）和创建游戏设计文档。生产阶段则是将这个远景转变为实际的过程（也称为实现）。当然，测试和部署也是游戏开发过程中必要的阶段，不过这些内容在本章不做讨论。

5.1 游戏远景

实际上，游戏开发人员相当于人类想象与具体实现之间的桥梁。我们汇集从想象得来的想法，把它们组织为一个可以实际工作的交互式媒介——游戏（我们希望人们都喜欢玩游戏）。

我们称游戏开发的初始阶段为蓝天阶段（Blue Sky phase）。在这个阶段没有任何限制，也没有任何规则，我们可以毫无约束地提出想法来形成游戏的概念或游戏远景；这是一个允许你充分发挥想象力的阶段。蓝天阶段是工程生命周期中的一个（也是唯一的）可以天马行空、大胆梦想的阶段。抓住这个机会尽情发挥你的想象力吧！

要重点关注游戏的目的以及所针对的最终用户。想象需要哪些特性和选项。制订可能的控制系统。与专家们就游戏相关主题进行会谈，得出关于如何提高游戏现实性的想法。对游戏中的元素拟定一个大致的草图，如人物、武器、过关等。尽量在设计中融入生命，要记住最终产品所面对的是现实中的人。

一旦完成了蓝天阶段，下面就要把这个理想、梦想和想象引入严酷的真实世界。如果这一阶段形成的想法确有可取之处，在技术上可行，你的概念就能继续“生存”。不要误解，最终结果几乎不可能与最初概念完全相同。有时，最终结果可能不及你的想象，这是因为时间和预算的压力一直存在而且永不停止，它们往往会让你偏离最初的理想。不过，更多情况下，初始概念会成为一个功能丰富的源泉，项目中涉及的所有人都可从中撷取灵感，并借以展开协作。

最后的重点就是将要使用产品的人。游戏必须深深吸引用户；与此同时，必须是为用户提供的一个易于使用的精美产品。游戏的美感很重要，但是功能也同样关键。应用程序的表现必须毫无瑕疵，否则鉴赏家们（你的用户）就会让你出局。从大致的草图到最终的产品，都要把最终用户放在心里。要由用户来确定你的应用程序究竟是水平低下还是可以上市销售。

提示

> 如果你是一个游戏开发人员，很可能同时也是一个超级的视频游戏迷。这说明，你自己就是最好的试金石，可以了解和评判游戏和应用程序中哪些方面做得很好，而哪些方面还有待改进。作为一个游戏开发人员，你永远不能停止学习和成长的脚步。尽可能尝试所有游戏；努力分析市场上的所有应用程序和娱乐产品。你的游戏经验越多，对市场的了解越多，你编写的游戏就会越好。

创建了游戏概念或者游戏远景之后，游戏开发预制阶段的下一个步骤就是制作游戏设计文档。

5.2 游戏设计文档

游戏设计文档定义了游戏概念，以及游戏功能和技术方面的具体细节。这个文档将成为游戏生产过程中必须遵循的最高标准。

在 PosiMotion 公司，iPhone 游戏的游戏设计文档通常有以下结构：

- 标题；
- 游戏摘要；
- 游戏细节；
- 游戏设置；
- 游戏系统 / 引擎；
- 游戏玩法：控件和 UI；
- 过关地图；
- 美学设计；
- 标题和信息屏幕；
- 声音效果。

下面我们将在各节中简要描述以上各个部分，使你有一个正确的方向。如果你认为有必要，可以做出补充或直接使用，也可以批评指正。有时，有一个起点总比一切从零开始要好。

5.2.1 标题

游戏的名字。现在，这可以作为一个临时标题，以后某个时间再最终确定。

5.2.2 游戏摘要

用一小段话来描述你的游戏。可以想象你正在为 App Store 描述写这一段话。你写的描述要有助于向用户市场推销游戏。

5.2.3 游戏细节

这里要描述游戏的故事。要从一个高层次定义玩家在游戏过程中会遇到的角色、任务等。这一部分要展开为 3 段。

你可能会奇怪，既然已经写了游戏摘要，为什么还要重写那段文字中已经简要描述过的内容呢？要记住，你将与很多人合作，而其中一些人并不是游戏开发人员。如果不多做一些解释，他们可能无法充分理解你的游戏想法。

可以把游戏细节部分看作是游戏想法的“推销”。你有一个乐于倾听的用户群体，他们很想了解你的游戏想法。也许，他们可以帮助你将想法变为现实，但他们的时间很宝贵也很有限。你在这里所写的内容有可能成就你的梦想，也有可能让它就此夭折。

我们都有最初的起步阶段，所以当前你的核心团队规模可能还很小。但是如果你的梦想足够远大，你的团队就会成长，而支持游戏生产的人员数目也会增长。可能会有律师、会计、投资人、公司经理以及销售和市场人员加入；这些人只需要游戏设计的高层概念来帮助完成自身的工作，所以他们可能最多读到游戏设计文档的这一部分就不再向下读了。

5.2.4 游戏设置

在这里描述游戏的设置。这一部分包括位置、环境类型、音乐风格，以及表示设置环境的重要元素的一些例子。

5.2.5 游戏系统 / 引擎

开始开发 iPhone 游戏时，最需要投入精力的是游戏系统或游戏引擎。要深入到每一个细节，可以考虑诸如规则、作战系统、评分、能量补充、火力、健康系统、角色创建、搜寻、位置描述等部分。你能想到的所有一切都要放在游戏设计文档的这一部分，而且要尽可能详细。

尽管游戏相互之间看上去各不相同，但实际上它们有很多共同的性质，通常都有移动对象、产生事件以及为各个产生的事件触发动作等功能。游戏引擎是专为处理这些公共功能而设计的。另外，除非你决定从头开始为 iPhone 构建游戏引擎（要正确地实现可能需要耗费数年的时间），否则完全可以使用一个预制的游戏引擎来完成游戏开发。

预制游戏引擎已经为不同种类的游戏提供了基本的游戏实现需求。很多预制引擎特别针对特定类型的游戏，如第一人称射击或赛车游戏。

几乎所有游戏引擎都有一些函数来帮助处理矩阵。矩阵实际上就是一个数值数组，这些数值共同描述一个对象在空间中的位置和方向。一旦熟悉矩阵函数的使用，你就会发现它们能够极其有效地控制游戏中的对象。

选择游戏引擎时要看重什么呢？不同的引擎为程序员提供了不同层次的控制。一旦你完成其陡峭的学习曲线，一个简单的游戏引擎使用起来相对容易，而一个复杂的引擎则相对较难。你要确定打算投入的时间，以及游戏需要的灵活度。

说明

> 使用游戏引擎的一个重要考虑对象是许可。天下没有免费的午餐，必然要有人努力工作来为你提供绝妙的函数库。大多数情况下，游戏引擎要求你购买一个许可；利用这个许可，你可以发布游戏的副本。开源的游戏引擎通常包含一个许可，允许你免费发布游戏的无限制副本；不过，有些还允许你出售游戏，只是要在游戏致谢名单中提及这个引擎（除此以外没有任何其他要求）。如果不涉及法律问题，你可以从新闻组或 Yahoo! Answers 寻求人们的帮助，他们很乐于回答问题。

那么，现在有哪些游戏引擎可以用来制作一流的 iPhone 游戏呢？这里将列出一些主要的游戏引擎，等你读到这本书时可能还会有更多引擎出现。

Torque: 这个流行的 3D 引擎由 GarageGames 推出，已经移植到 iPhone。利用 Torque 可以很容易地制作第一人称射击游戏，不过这当然不是它的全部功能。程序员编写高级脚本来定义角色和属性，由引擎负责渲染。Torque 可以从 http://www.garagegames.com/ 得到。

cocos2d: 这是一个流行的 2D 游戏引擎移植到 iPhone 的版本。cocos2d 包含很多函数，它们可以用来创建令人震撼的屏幕效果，如翻页和电影换景。cocos2D 可以从 http://cocos2d.org/ 得到。

Unity: 这是一个功能完备的 3D 游戏引擎，提供了对大量特性的支持，包括物理、地形和音频特性。它还包括一个强大的世界编辑器来建立场景。Unity 用于桌面和控制台游戏已经多年，最近这个引擎已经移植到 iPhone。在 PosiMotion 公司，我们目前就在使用 Unity iPhone SDK 开发一个战争游戏。这个游戏引擎可以从 http://unity3d.com/ 得到。

SIO2 Interactive: 这个引擎制作相当精良，还提供了教程和一个活跃的支持论坛。SIO2 提供了一个可直接使用的 3D 开发解决方案。尽管这个库是新推出的，但它已经包含了一些令人惊叹的粒子效果、物理特性，以及对 OpenAL 声音的支持，等等。开发人员强调的重中之重是渲染引擎的速度，并严格控制代码基以保证质量。SIO2 可以从 http://sio2interactive.com/HOME/HOME.html 得到。

说明

> 毫无疑问，SIO2 最具吸引力的一个特性就是 Blender Exporter。利用这个工具，你可以从 Blender 将一个 3D 网格（甚至整个场景）导出到一个 OpenGL ES 上下文，这使得 SIO2 成为我们的工具链中不可或缺的一个环节。实际上，SIO2 是唯一与 OpenGL ES 兼容的模型导出工具。

Oolong：这是当前 iPhone 开发框架中最复杂的引擎，也最适合软件工程人员或有类似经验的人。Oolong 可以从 http://code.google.com/p/oolongengine/ 得到。

5.2.6 游戏玩法：控件和 UI

在这一部分，强调的是玩家具体玩游戏的机制——他们如何控制游戏或与游戏交互。要把游戏玩法划分为子部分，详细描述用户控件以及与用户动作有关的 UI 元素。

使用 iPhone 非常令人兴奋，这有很多原因。其中一个原因是，触摸屏是一种相当新颖的与技术交互的途径。直到现在，游戏玩家还以为要使用控制台系统的一种外围控制器或者移动娱乐设备的电话按键键盘。

随着 iPhone 的到来，所有条条框框都可以扔出窗外。这很诱人，因为我们有机会创建新的界面系统，可以设置标准，并写入历史成为未来很多年其他设计人员效仿的对象。另外，不要忘记极酷的加速计函数！这为游戏界面增加了一个全新的视角，没有做不到，只有想不到，对游戏界面唯一的限制就是我们的想象力。

你可能会问："iPhone 上的其他按钮呢？" 把它们忘记吧！就是此时此刻，请将它们完全抛于脑后。根据 Apple 关于 iPhone 游戏开发所提出的规则，这是一个很严重的禁忌。

5.2.7　过关地图

一旦确定了游戏玩法，接下来可以描述游戏中将加入的每一关（或世界 / 房间）。要在这里提供游戏的一个物理布局图，详细描述各关以及它们如何排序或如何连接。

情节串连图是一种很有效的途径，可以用来概念化并绘制一个游戏过关图，以及给出整个游戏远景。图形设计和开发小组应当彼此合作来取得期望的概念，这一点至关重要。情节串连图可以提供一个必要的起点，为以后的工作奠定基础。这个过程首先要在纸上画出原始概念的草图。如图 5-1 所示，在 PosiMotion 公司，我们转向计算机并创建更精细的数字设计或模型系统之前，首先会为游戏创建手绘草图。

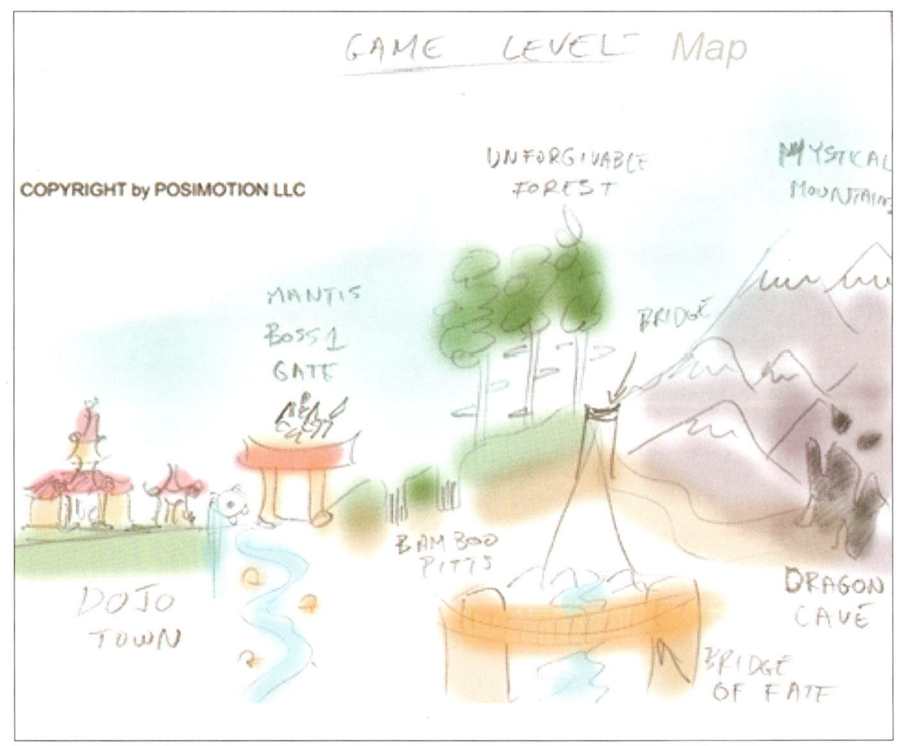

图 5-1　PosiMotion 将要发布的军事游戏的一个大致草图

提示

在纸上画出大致的草图时，利用借记卡或信用卡可以准确画出 iPhone 或 iPod touch 屏幕的轮廓。

记住，要以适当的方式设计游戏，使它支持在后续版本中的调整来增加更多特性。这方面应当多花些时间。开发过程中这些早期阶段的质量会直接决定后续阶段的质量。

画出情节串连图并确定一个设计之后，下一步是以这些草图为基础，建立必要的图形、3D 模型和 / 或世界。为此，可以使用你最喜欢的图像编辑和 3D 建模软件。我们使用 Adobe Photoshop 和 Adobe Illustrator 来完成图像编辑，并综合使用 Autodesk 3ds Max 和 Blender 来完成 3D 建模。

提示

绝不能得到第一个模型系统或设计后就止步。至少要为游戏建立 3 ~ 4 个设计，然后从这些设计中进行选择。还要听取最终用户的意见。向人们公布你的设计，询问他们倾向于哪一个设计。

5.2.8 美学设计

我们要面对这样一个事实——这个世界很大程度上以外表为中心。影星 Jessica Alba 因此让人惊艳不已，出于同样的原因，一个游戏看上去不错才能在这个行业得到关注。

一个游戏即使有非凡的趣味性，但是如果毫无美学设计，它的效果可能还不如一个简单但美观的游戏。正是这种美观设计能够引起玩家的注意，使他们产生玩这个游戏的欲望。美感还支持游戏的重玩价值。换句话说，如果他们喜欢所看到的画面，那么以后还会回来玩这个游戏。

对于一个完善的成功游戏来说，主题、颜色和动画是最主要的作用因素。下面来逐一分析。

主题 开始美学之旅前，需要确定一种视觉风格，还要确定周围环境以及支持元素。如果这是一个忍者游戏，可以采用一种日本武士设置，可能提供武士刀、忍者镖和黑腰带等元素。这些元素可以用作为菜单中的选择项（例如，轻击忍者镖图标开始游戏）或者只是放在背景中来支持设置。设置和周围环境元素会让玩家对游戏更加投入。

颜色 色彩方案对于维持整个游戏的一致性极其重要。色彩方案可能还包含表面加工，如磨砂铝或松木效果。要保证颜色连续而且与主题相关。确定的色彩方案会在游戏中确保一种一致的个性，这会显著改善游戏玩家的体验。

> **动画** 要让一个游戏真正完善，动画是必不可少的。游戏中的所有一切就应当具有娱乐性，这是指从用户打开游戏的那一刻起就应当提供趣味性，而不只是具体玩游戏期间。介绍屏幕、用法说明屏幕以及菜单（尤其是菜单）都应当包含相应元素来支持游戏及其美感。仅仅是简单的页面转换动画也可以为游戏增加活力。从简单的按钮按下晃动到屏幕切换，这些很容易实现的动画可能会对最终的用户体验产生巨大影响。

所有这些元素可以共同协作建立游戏的“个性”。成功的个性会给游戏玩家留下难忘的记忆。如果游戏让人难忘，玩家就会记得回来再玩这个游戏。他们会信任你，认为你确实是一个出色的游戏提供者，并且更乐于购买你的下一款游戏。一致的个性将保证一定的质量水平，最终用户会希望你一直保持这种质量。

5.2.9 标题和信息屏幕

Splash 屏幕是玩家触击图标启动应用程序后看到的第一个屏幕。这些屏幕通常会显示发行商、工作室和 / 或开发团体的名字。可以使用你的 logo，或者创建一个能够向最终用户明确传达你的身份或品牌的 splash 动画。

应用程序开始时为用户提供哪些选择呢？当然 Start Game（开始游戏）选项肯定是其中之一。另外，还要有得分、设置、声音和难度级别（如果适用）。在这里，要让阅读游戏设计文档的读者全面了解主菜单屏幕上为最终用户显示的全部选择。

告诉玩家游戏规则是一个很好的想法。将这些用法说明包含在游戏中，另外还要加入到游戏的 App Store 描述中。

5.2.10 声音效果

没有什么能够像声音那样为图像和动画赋予生命。声音能很好地推销游戏，尽管没有长篇大论，但能适当地表达很多动作的含义。不论是每次激光枪开火时发出的声音，还是一个简短的语音提示，都能让玩家知道完成一个作战行动的准确时机。不过，“成也萧何，败也萧何”，声音效果既能促进游戏，也可能破坏游戏。

在游戏设计文档中，要提前列出游戏中需要的每一个声音效果，这样就可以更高效地收集或创建声音。

5.3 从远景到现实

对于开发小组来说，下一阶段是得到应用程序的外观设计，并通过艺术制作和代码实现这些概念。一般地，游戏和界面设计的基本思想与编写游戏代码的想法往往有所不同。

有时，一个小组成员可能向你提出一个想法，通过增加几行简单的代码就可以很容易地实现。但有时，也可能有人要求你编写极其复杂的代码，但其成效却很低。在这种情况下，你会希望有某种折中方案来满足你的进度和预算。

并非只是设计人员会对可能性有过高估计。随着你在游戏编程方面越来越多的经验，有些时候对于能力的限制可能会变得有些含糊不清。如果发生这种情况（而且确实会发生这种情况），解决方法很简单：着手尝试！如果想法不可行，或者实现起来过于麻烦或过于耗费时间，那么只需恢复到一个比较简单的模型，这不会有任何危害。

如果发现一个想法很难实现或者根本不可行，可以替换为一个非常类似但更易于创建的特性。有时，可取的办法是将想象中的特性用优雅性稍差一点的特性来替换。不过，你绝不会希望偏离原始设计太远。如果作为替代的特性会使应用程序的用途或功能发生全新改变，那么这可能不是一个好的想法。

人们对应用程序通常从外观迅速做出评判，而缺乏良好设计的应用程序往往口碑不佳。界面的质量会显著影响用户的评价。不过，设计并不是全部，不应为了达到设计目的而牺牲功能。如果一个新的设计特性会导致应用程序运行迟缓，可能最好简化或完全删除这个特性。另一方面，如果新特性运行平滑而且看上去不错，人们就会喜欢它并给予很好的评价。

5.3.1 创建真实人工智能的技巧

很多游戏并不需要任何形式的 AI（Artificial Intelligence，人工智能）就能有效地操作。不过，与那些模拟对抗人类对手的游戏相比，这些游戏通常没有那么大的趣味性和挑战性。AI 可能非常简单也可能非常复杂，这取决于具体的游戏，不过无论简单或是复杂，都可以采用同样的方式建立 AI 算法和方法。

创建 AI 时关键是要记住完成的结果应当是有效，而且不可预知的就像任何人类对手一样。完成这个目标需要一些步骤。

第一步，这可能是最重要的一步，就是在没有 AI 的情况下玩游戏，可能与你自己或者一个朋友对抗。记录做出下一个动作时浮现到脑海中的每一个想法。

策略性地规划游戏中的每一步时，简略记下你的想法；在此之后，就可以将这些想法变成方法和过程，从而将其转换为代码并在 AI 中实现。做这个工作时，要牢记以下几点。

- 进攻总是胜过防御。
- 有多个同样合理的选项时，可以随机选择。
- 如果在网格中完成搜索，要以一种随机的棋盘模式搜索，因为这比采用线性模式在整个网格中搜索更为高效。
- 一切都存在变数。（每个决定都基于可能变化的东西，而这个东西本身又基于其他可能变化的东西）。所以尽量不要有任何硬编码。

构建 AI 后，下面开始进行测试。记录它做出的所有“愚蠢”动作，找出这么做的原因，并调整算法使这种“愚蠢”的行为不再发生。这可能需要花费一些时间。如果有困难，可以再返回游戏，记录更多游戏时的想法。

你认为已经完成 AI 之后，可以让别人来试一试。之前未接触过这个游戏的人可能会捕捉到你不曾注意的问题。

一旦所有这些工作都已经完成，你就基本上大功告成了。现在只剩下一件事，就是反复测试 AI，确保它不会在某些情况下失败或崩溃。

提示

很多人认为 AI 只如它的创造者那般聪明。尽管 AI 确实会像你一样思考，这一点不假，不过想想看它在极短的时间内就能做到这点。因此，对于某些玩家来说 AI 可能过于困难。为了让游戏更具有娱乐性，可以增加难度设置（这会改变 AI 在游戏中超前“考虑”的程度）。还可以故意让 AI 做某些让人类对手占优势的动作（或者，甚至提供一个机会）。

5.3.2 iPhone 设计的挑战

为 iPhone 设计游戏时，所面临的最大挑战与设备本身的物理设计有关。屏幕尺寸很小，只支持最大 320×480 像素的图像元素。由于只有这么小的空间，为游戏中的精美显示或菜单留出的空间也很小。

节省屏幕空间的一种方法是只显示必要的元素。如果一个按钮或控件不需要经常访问，可以只在需要某个按钮时才让它滑入视图。例如，Bikini Hunt 的用法说明就是隐藏的，不过很容易访问，如图 5-2 所示。

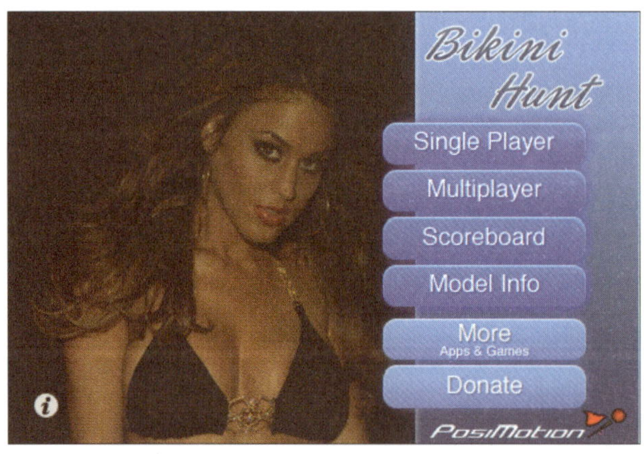

图 5-2 在 PosiMotion 的 Bikini Hunt 图像匹配游戏中，左下角的图标会引出用法说明页面，不过只占很少的屏幕空间

尽管物理屏幕大小是有限的，而且实现屏幕上的控件时必须特别注意，但多指触控界面为AI设计带来了令人兴奋的新机会。这不是Nintendo DS上普通的触摸屏，而是一个革命性的、全新的触摸屏，可以支持并同时跟踪多个触击。AI的这个突破使人们在触摸屏游戏领域的创造性进一步扩展，并且在设计人员实现iPhone游戏方面已经展现出一个模式转变。

iPhone触摸屏能够检测出“轻扫”和“压按”，这种能力为我们提供了一些新的方法来区分和响应用户输入。例如，并不是使用按钮来放大或缩小游戏中的某一关，而是允许用户使用一个压按动作完成缩放。用户还可以通过手指在屏幕上轻扫来控制摄像头摇动的方向，从而可以在游戏的某一关中环顾周围。

有限的屏幕空间还鼓励我们在设计游戏时选择全新的控件方案。例如，可以使用内置的加速计让角色或其他游戏对象倾斜或转向，而不是在屏幕上放置控件。

说明

> 尽管人们常常有误解，认为加速计就是一个罗盘，但其实并非如此；加速计不会告诉你哪个方向是北或是南。实际上，加速计是iPhone中的一个小设备，可以度量某些轴方向上的重力。IPhone的加速计是一个三轴加速计，这说明它可以读取x、y和z轴（或俯仰、偏航和滚转方向）上的重力。

Apache Lander是我们公司2008年创建的一个游戏，这是一个经典风格的游戏，主要基于加速计的输入而设计。通过将用户的加速计动作映射到相应的舵和推力控件，能够为用户提供一个与传统游戏概念互相作用的新途径。Apache Lander的目标只是引导一个直升机安全地着陆到停机坪；不过，需要管理基于加速计的新的控制方案时，这就会有意思得多。如果用户过分倾斜设备，她肯定会翻倒坠机，随后收到宣布死亡的“Apache Down”消息，指示行动失败。另一方面，如果能很好地做到手眼协调，且能熟练掌握基于加速计的灵敏的控制方案，就可以得到高分，与朋友竞争就会很有意思。

加速计对于检测摇晃或运动也很出色。我们在游戏中使用这个功能来触发一个动作，或者展示一个意外惊喜。例如，Shake N'Break是一个流行的拼图游戏，为用户提供了一个图像，图像放在一个画框里，并置于一个微微发亮的玻璃后面。用户“摇晃”设备时，玻璃会“破碎”——底层图像将碎为小片，随机分布在屏幕上。接下来，用户需重新摆放这些四处散布的小片，从而重新拼成原始图像。这个游戏还允许用户从相机或照片库选择照片，这会在游戏中产生一种更为个性化的感觉。

Location Service（位置服务，又名Core Location框架）是一个重要特性，但通常被游戏开发人员忽略。iPhone 3G中的A-GPS（Assisted GPS，辅助全球定位系统）可以用很多创造性的方式使用。例如，可以用它控制一个用户在游戏期间的动作，或者确定附近玩同一游戏的其他用户。这两个用法都能提供一种独特而有趣的游戏体验。

5.4 游戏开发技巧

这一节将提供一些开发技巧，这是我们为 PosiMotion 开发游戏时总结的一些技巧，它们可以帮助你创建出更优秀、更吸引人并能保持竞争力的游戏。

5.4.1 Solitaire Top 3

Solitaire（单人纸牌游戏，如图 5-3 所示）是全世界流传最广的计算机游戏。再加上一个触摸屏，这个游戏变得更有意思。有些人可能认出这个游戏来自越狱（jailbroken）领域。不错，这是因为它最初正是源自于越狱领域。如果喜欢玩的某个游戏已经存在，不用担心，你完全可以联系开发人员——与其他人合作有可能得到令人惊奇的结果。

图 5-3 单人纸牌游戏

5.4.2 Backgammon

Backgammon（西洋双陆棋，如图 5-4 所示）也是一个经典的游戏。这个游戏中最突出的一些特性都隐藏在小细节中。它提供了一个选项可以显示可能的走法，这有助于新玩家轻松地加入游戏。另外，它还提供了一个功能使用户可以将这个特性关闭，这一点很受高级玩家的青睐。游戏中实现了加速计，使你能够摇动电话让硬币滚动，这个特性将趣味性提升到了更高层次。

图 5-4 西洋双陆棋

5.4.3 Pool

由 Pool（一个台球游戏，如图 5-5 所示）可以证明，3D 图像对于制作优秀的游戏来说并不是必要的。清晰而详细的 2D 图像，再加上一个绝妙的物理引擎和真实的声音效果，使这个游戏在其 3D 对手中仍保持强大的竞争力。通过增加网络“多人”功能，你还可以向一个朋友发出挑战，这进一步增加了乐趣。

5.4.4 Kaleidoscope

Kaleidoscope（万花筒，如图 5-6 所示）游戏为 iPhone 或 iPod touch 提供了一个装满镜子、棱镜和珠子的管子。为了尽可能让这个游戏更为有趣，我们实现了所能想到的每一种输入方法。加速计和触摸屏可以增添乐趣，允许你以多种方式管理图像。另外，存储的图片和相机则增加了可玩性。

5.4.5 Shake N' Break

Shake N' Break（一个拼图游戏，如图 5-7 所示）允许你将偏好的图片分成小片，以便再将图片拼接起来。再次指出，打碎图片的物理动作增加了一层乐趣，使用自己的图片则增加了重玩性。不过，这个游戏最重要的特性是提供了多个难度设置。

图 5-5 台球游戏

图 5-6 万花筒游戏

图 5-7 拼图游戏

5.4.6 Bikini Hunt

在 Bikini Hunt（如图 5-8 所示）中，我们采用了几乎任何酒吧里都能看到的一个游戏概念，并把它引入了 iPhone。促使这个游戏出类拔萃的很多方面（除了穿比基尼的模特）都是大多数人认为想当然的东西。通过限制调色板为蓝灰色色调，并对大多数边缘进行平滑完善，设计人员为界面提供了一个简洁、现代的外观。不过，最富有创新性的概念是我们提醒用户的方式（告知他们某些特性由于缺少网络连接而受到限制）。这里并非使用一个麻烦的弹出菜单，而只是改变按钮的颜色，从它后面落下一个提示。这种方法既能通知用户存在变化，还能增加美感。

图 5-8 Bikini Hunt

5.4.7 YoYo

YoYo 游戏（如图 5-9 所示）展现了 iPhone 和 iPod touch 平台的多样性和可能性。通过使用一个 3D 版悠悠球，只需修改几行代码，我们就能很容易地连续增加新的技巧和特性。与每个修改都需要新生成大量 2D 动画的做法相比，这种方法要好得多。

5.4.8 Apache Lander

最后（当然并不表示这不重要）要介绍的是 Apache Lander（如图 5-10 所示），这是最简单也最富有挑战性的游戏。它也是整个 App Store 上最流行的游戏之一。在这里你并不会看到有趣的图片，也没有设置或特殊的特性。你需要做的就是使用加速计控件来完成 Apache 直升机的着陆。有意思的是，正是由于这个游戏难度很大，反而驱使人们热衷于此。这也说明，除了前面介绍的所有内容之外，真正重要的一点是：游戏必须有趣。单单这一个游戏就得到了超过一百万的下载和点击量。

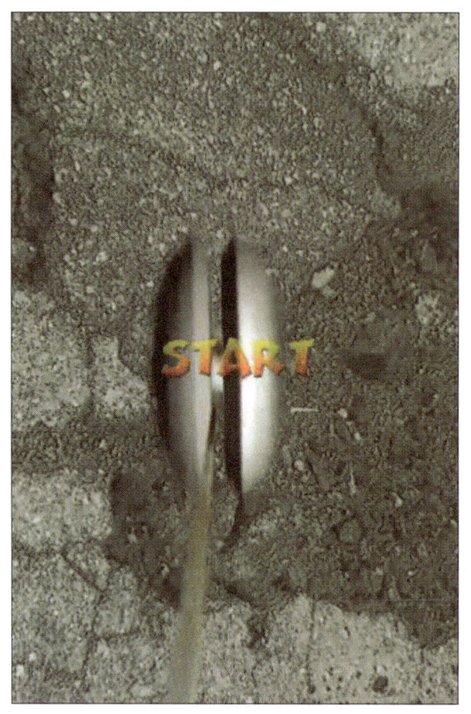

图 5-9　YoYo 游戏

图 5-10　Apache Lander

5.5　小结

iPhone 游戏开发仍处于早期阶段，学习和发展的空间还很大，我们可以尝试各种不同的类型和界面。这是对早期岁月的回忆，那时我们小组中的一个成员在为 SNES（Super Nintendo Entertainment System）和第一个 PlayStation 创建视频游戏。当时团队很小，生产时间很短，而且总是有新的游戏想法“喷涌而出”。

如今基于控制台的游戏开发已经有了显著发展，开发团队的规模发也已蔚为壮观，其人数几乎接近于一个私人军队的兵力。有意思的是，生产时间可以用团队成员的孩子人数来度量，这些孩子都是在三年到五年的项目进程中出生的。新的游戏想法被当作“金库”储藏起来，由凶恶狂妄的“公司龙”（corporate dragon，一个游戏中的角色）像保护使用许可和 IP 地址一样用同等强大的火力保卫着。

我的意思是不是说这就是 iPhone 游戏开发的未来？不，或者至少这不是我所希望的。iPhone 游戏开发的真正未来取决于你，亲爱的读者。我前面说过，为 iPhone 创建游戏是一个非常令人兴奋的时刻。还有大量空间需要更多游戏开发人员和游戏设计人员的加入，而且程序员相当急需。衷心希望你——亲爱的读者，在 iPhone 游戏开发的探险中一切顺利。由你创造历史的时刻到了。

Michael Kasprzak

所在公司： Sykhronics Entertainment

位置： 加拿大，安大略，伦敦

开发经历： 我从 1999 年就开始专业从事游戏开发，而且绝大多数都是我独立完成。我曾开发过不同游戏系列的十余款产品，包括 Game Boy Color、Game Boy Advance、cell phones、Nintendo DS 和 PlayStation。我于 2005 年末创立了 Sykhronics Entertainment，在此之前，曾在 Big Blue Bubble、Digital Illusions 和 Sandbox Studios 等公司任职。

iPhone 开发经历： 我创建了 Smiles 游戏，这是一个面向家庭的智力游戏，另外还开发过一个个人 iPhone 开发工具包，这是一个定制的跨平台 API，这个工具包使我可以在 Windows、Linux 和 Mac 机器上进行开发。

本章内容： 以 Smiles 的开发为例，这一章涵盖了创建跨平台、可移植的 iPhone 游戏的有关内容。这里利用一个“倾斜和触摸”物理学例子展示了这些概念。

关键技术：

- 可移植游戏代码
- 游戏循环
- 事件驱动操作系统合作
- Unix 时间
- 跳帧

第6章

多平台游戏开发：面向Linux和Windows的 iPhone游戏

这一章将要创建可移植的游戏代码。这里会介绍我个人在开发 iPhone 游戏 Smiles 时使用的方法，首先我们来了解一下这个游戏。接下来，我们将研究可移植性主题，包括可移植性的含义，以及如何起步。之后，我们将深入讨论在 iPhone 上支持可移植性的特定问题和注意事项，包括 iPhone 操作系统、系统时间，以及如何以可移植方式支持跳帧。本章最后将给出一个可移植应用程序的实际例子。为此我制作了一个简单的物理学演示游戏，你可以在 iPhone 上玩这个游戏，或者也可以将其下载下来，针对你的 PC 进行编译。

6.1 Smiles 的开发：一组智力游戏

Smiles 是面向 iPhone 的一组智力游戏，如图 6-1 所示。从本质上讲，Smiles 就是一种配对游戏。它的突出特点是提供了一个独特的交换游戏机制。据我所知，还未有其他类似游戏支持这种游戏机制。

图 6-1 面向 iPhone 的 Smiles 标题屏幕

为我的第一款 iPhone 建立游戏概念原型时，我发明了这种游戏机制。最初的原型是一个单人纸牌（solitaire）游戏——名为 Pattern Trade，如图 6-2 所示。这成为了 Smiles 中 Zen 游戏模式的基础。

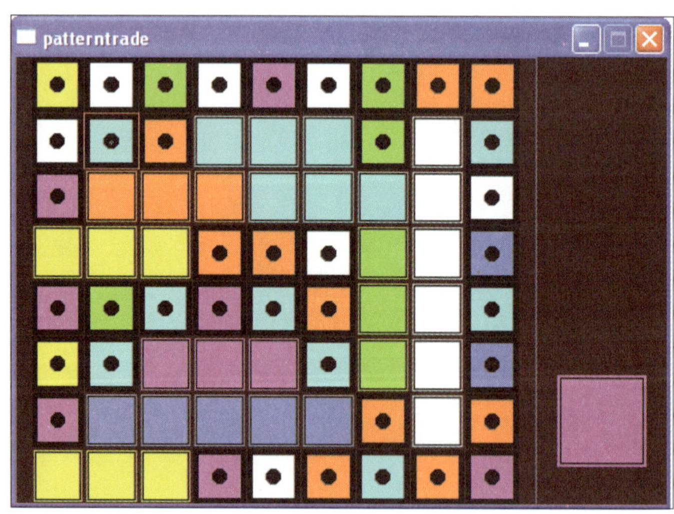

图 6-2 Pattern Trade 原型，后来成为 Smiles 中的 Zen 游戏

在我想到的众多游戏概念和原型中，Smiles 看起来是为期最短、目标最明确的项目。Pattern Trade 的概念是可行的，也很可靠。但是，由于我已经很多年没有发布过游戏，所以希望我的第一个自行发布的产品能够不同寻常。我最初的想法是只建立两种不同的游戏模式。如图 6-3 所示，开始时包括 Zen（单人纸牌游戏）和动作智力游戏 Drop。Drop 同样基于 Zen 中使用的游戏机制，不过更为炫目。从艺术上讲，这个游戏结合了一种令人愉快的视觉风格和三种不同的主题，如图 6-4 所示。

图 6-3 Smiles 的 Zen（左）和 Drop（右）游戏

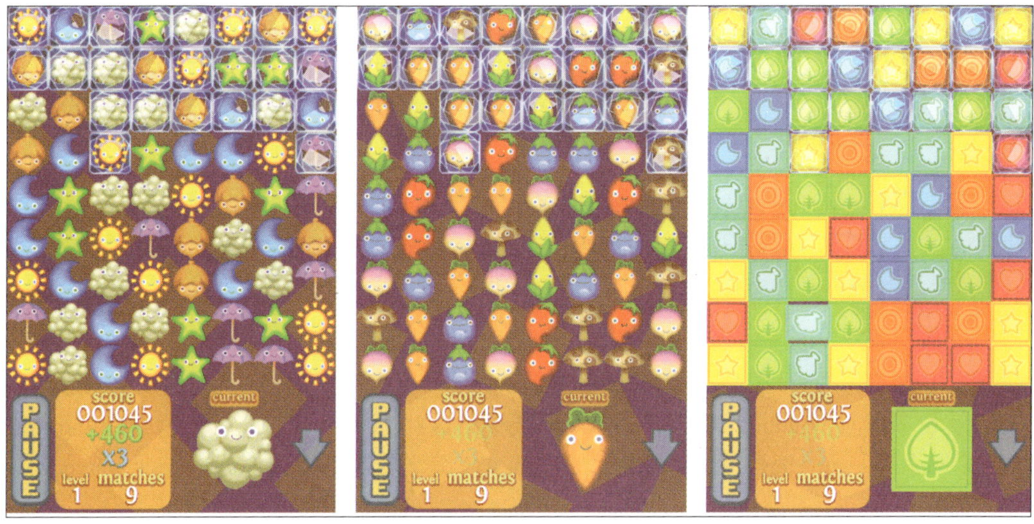

图 6-4 Smiles 中的多个主题：天气（左）、蔬菜（中）和积木（右）

不论从什么角度来定义，我都不能算是一位训练有素的艺术家，不过我确实很会画游戏中的角色。多年来，我曾参与完成过多个游戏的数十个款产品，很多都与儿童有关，我也因设计中独有的随意性而知名。“Smiles”是我提出的游戏名，也是游戏的基调，可以确定游戏的个性：对家人友好、令人愉快并且容易记住，而不只是一堆菱形和积木（尽管我确实引入了一个积木主题）。

为了让 Smiles 出类拔萃，完成两个游戏后我并没有就此止步。最终产品包括 14 种游戏模式。其中，大多是不同难度的同类游戏，还有一些实际上是变种产品（例如 Long Play 和 Avalanche）。这些游戏必须看上去是一个整体，所以它们都提供有粒子效果、物理学的多种应用、声音效果、高分、统计、成就，以及大量美化处理等特性。图 6-5 显示了统计和成就屏幕。这个项目自始至终共花费了 4 个月的工作时间，整个项目都由一人（就是我）完成。

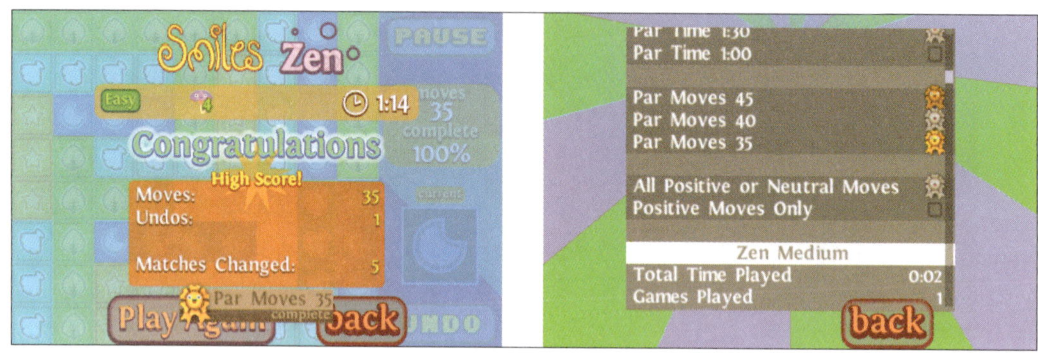

图 6-5 Smiles 中的统计和成就屏幕

Smiles 提供了一个机会，可以借此将多种游戏设计思想集中在一起。我希望它是一个适用面很广的智力游戏，面向从休闲玩家到高级玩家等不同对象，它应该能够让用户按自己的步调打游戏，而且值得广大用户来玩。我还希望 Smiles 为 iPhone 带来一种完美的控制台游戏的体验。

不论是在玩家还是各界媒体眼里，Smiles 都有极好的口碑，得到很多五星评价和众多赞誉。特别值得一提的是，它进入了 2009 年 IGF（Independent Games Festival，独立游戏节）Mobile 大赛最佳游戏的决赛。

但是，尽管 Smiles 所做的工作，有以上诸多令人愉快的优点，它还有一个隐藏的小秘密。Smiles 几乎完全在 Windows 上开发，如图 6-6 所示。我选择的工具是 MinGW 和 MSYS（一个 GCC 移植和面向 Windows 的 Unix 环境）。要了解这些工具，请访问 http://www.mingw.org。实际上，几乎我的所有编程工作都是在 UltraEdit 文本编辑器中完成的（http://www.ultraedit.com/）。

Mac 的狂热支持者们，也许你们会因为我的“异端学说”将这本书付之一炬，不过在此之前确实应该听听我的解释。可以把我想成是一个 Linux 开发人员，我发现了一种很方便的途径为在 Windows 中开展工作提供方便。可以看到，大多数控制台软件开发包都完全基于 Windows，提供了类似 GCC 的 Linux/Unix 工具。实际上，这正是让控制台开发人员对 iPhone 狂热追捧的原因之一。Xcode 也使用 GCC。它隐藏在后台，不过确实是存在的。

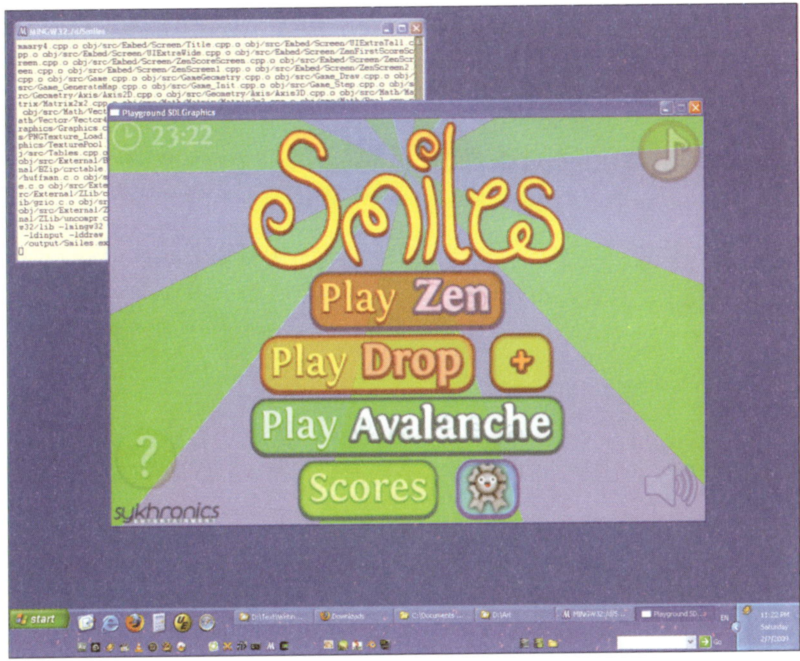

图 6-6 Windows 上运行的 iPhone 游戏 Smiles

有了以上认识，当你了解到 Smiles 也部分开发于 Linux 之上时应该就不会那么惊讶了。图 6-7 显示了 Xfce 上运行的文本编辑器 Geany（http://www.geany.org/）。

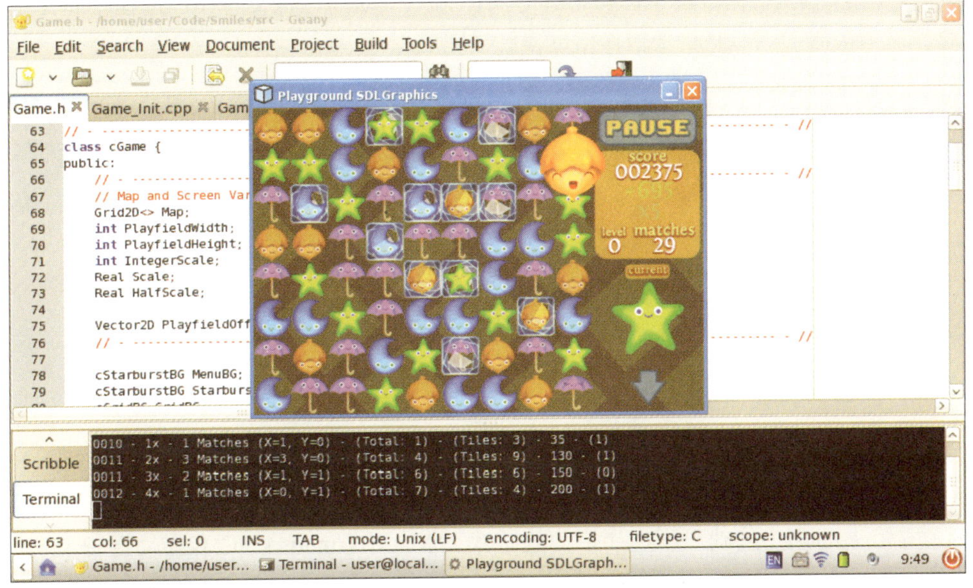

图 6-7 Smiles 也可以运行在 Linux 上

开发 Smiles 期间，我使用的笔记本电脑是一个轻型的 Linux netbook。我本来喜欢 MacBook Air，不过 $300 与 $1 800 相比，确实是选择 Linux 系统的一个很好的理由。

需要说明，如果没有 Mac 我就不会开发出 Smiles。我有一个 Mac mini，只要需要在 iPhone 上进行测试我就会转而求助它。不过通过遵循一些原则，我能够同时在 3 个平台上开发和运行游戏：Windows、Linux 和 iPhone。

关于 Smiles，我可以说得更多（在我的博客上确实有大量相关介绍），不过，现在看来应该转向本章的另一个主题了，这就是可移植性。

6.2 跨平台和可移植性

开发跨平台的应用程序是指它可以在多个平台上运行：Windows、Linux、Mac、iPhone 等。

可移植是指代码可移植。行李箱就有足够的可移植性，可以提走并带到任何地方；与之类似，可移植的代码也可以从一个平台“提走”，并“带到”另一个平台。

尽管这两个词并不表示同一个东西，但它们的目标是相同的。你要跨平台共享代码。可以跨平台运行的代码都是可移植的。

对跨平台开发这个主题进一步深入时，你可能还会遇到移植一词的一些不同用法。移植是指一个原本在别处的应用程序，通常是从一个平台移植到另一个平台，不过有些平台要求从一种编程语言移植到另一种编程语言（例如从 C 到 Java）。移植过程是完成某个应用程序移植的过程（转换或调整代码）。在讨论中，移植有时用作为一个动词，含义与移植过程相同（比如说，“我将移植这个代码”）。已移植是指移植过程已经完成。

说明

> 代码从一种编程语言移植到另一种编程语言时，会对原代码创建一个依赖关系。对原代码所做的任何修改或修正还必须手工地在移植代码上完成。针对每种语言维护单独的代码基可能很麻烦，出于这个原因，在实际中，通常只是在应用程序达到最终版本后才会进行语言到语言的移植。

6.2.1 编写可移植代码的原因

为什么编写可移植代码？显而易见的原因就是允许更多的用户使用。iPhone 可能有一个规模达到数百万人的用户基础，不过如果你的游戏在 Mac、Windows PC 和移动设备上都能够运行，那么另外还有数百万的潜在客户。

每个平台都有所不同，包括不同的屏幕尺寸、输入功能等。好的一方面是，不同平台上可以找到共同的基础。鼠标可以模拟触摸屏；多指触控屏幕可以用作为单指触控屏幕。至少，大量游戏代码都可以在平台之间共享。既然如此，又何必从头开始写游戏呢？

我的游戏 Smiles 只是面向 iPhone 和 iPod touch 设计并最终发布的。这并不是说你在别处不会看到它，不过这也展示出开发跨平台应用程序的另一个好处：成本可能更低。

如果你是一个成熟的 PC 或移动设备开发人员，或者只是在外兼职的学生，倘若每一个人都购买 MacBook 或 iMac，那么成本可能太高了。用一个低端 MacBook 同样的价钱，两个人可以共享一个 Mac mini，另外分别购买一个 iPod touch。你可以继续使用现在的 Windows 或 Linux 机器，只是在需要时转向 Mac mini 来完成测试。

视频游戏是娱乐和媒体行业的一部分，与其他媒体一样，游戏行业已经成为一大趋势。每隔几年我们就会转变平台，为最新最棒的系统提供新游戏。如果认真地考虑游戏制作，你肯定希望它尽可能的灵活。支持可移植性可以帮助你走在游戏开发的前沿。

6.2.2 为什么不编写可移植代码

不是开玩笑——可移植的做法可以节约成本，但这些好处也是有代价的，那就是需要更多的工作。 为了保证可移植性，你不能使用 Apple 提供的方便的字体和打印代码、2D 矢量图元，菜单和图形加载。你要保证平台无关性，而这意味着使用 OpenGL、OpenGL ES（面向嵌入式系统的 OpenGL）或软件渲染。你的工具只能是像素和多边形。

但是做更多工作的同时你可以得到更大的灵活性，能够充分地对游戏中的每一个元素指定样式。按钮图片和菜单可以采用一种平面或者全 3D 外观。你可以超越 Apple 提供的样式和字体，创建完全无缝的视觉体验。

不过，要采用可移植的方式，需要从“一无所有”开始。对于某些人来说，这可能是一个可怕的要求。这并不是说你根本不能绘制矢量、打印文本等，而只是说这些代码可能需要你自行编写。在自行编写代码的过程中，你可以挑选并评价多个开源和自由许可项目。例如，压缩工作已经相当成熟，而且可以免费得到（zlib、bzip2 和 LZMA）。但是为了得到最终的灵活性，你可能需要“从头开始”自己编写一些基本的代码。

6.3 彻底的可移植性

为了保证游戏代码可移植，不能用 Objective-C 来编写。iPhone 操作系统确实要求使用 Objective-C（至少是由此起步），但是不能用它来编写游戏代码。代码应当用 C 或 C++ 编写。

C 和 C++ 是当今事实上的标准编程语言。这并不是贬低 Objective-C 语言——它只是不能保证在每一个平台上都可用。现代编译器结合底层处理可能会创造奇迹。实际上，通过学习 C

和 C++ 代码生成的汇编操作码，你就可以在底层完成工作。理解汇编语言对于最佳性能有深远的意义，这样你就几乎不再需要自己准备 move、load 和 store 指令了。

我个人使用 C++，不过为了让代码更易于访问，我使用 C 编写这一章中的例子。可以把这些 C 代码转换为 C++，这个任务作为练习留给感兴趣的人来完成。

以上讨论的是语言。游戏中需要的另一部分是图形。

一种选择是编写一个软件渲染工具，并使用图形硬件将图形快速复制到屏幕，不过我将使用 OpenGL ES。OpenGL ES 是 OpenGL 标准的一个子集。从某个方面来讲，它有点像 OpenGL 的“精华”。原先只作为 OpenGL 扩展的一些特性已经提升为其完备特性；另外一些占用空间却未提供太多功能的特性已被删除。

OpenGL 实际上是一个相当老的标准，起源于 20 世纪 90 年代早期。如今，几乎每一个支持 3D 图形硬件的平台上 OpenGL 或 OpenGL ES 都可用。只有极少例外，那些不支持 OpenGL 的平台通常也会自行提供与其类似的 API。

这一章不会对 OpenGL ES 讨论太多，只是这里的例子会用到它。实际上，我们将把重点更多地放在游戏编程较底层的基本部分。

下面先从游戏编程中可能最基本的方面开始，即游戏循环。

6.3.1 经典游戏循环

我本来想在这里说一些深奥的东西，比如说游戏循环是一种已经传沿多年的古老而又超级隐秘的方法论。不过如代码清单 6-1 所示，这实际上就只是普通的循环。

代码清单 6-1 用 C 编写的经典游戏循环

```
while ( GameIsRunning() ) {
    /* 玩游戏 */
   ...
}
```

游戏循环是一个极其简单的思想，如果说它在游戏开发历史中“被发明”了数百次，甚至数千次，我也毫不奇怪。如果你希望有份规范地描述，可以认为游戏循环就是面向实时游戏的一种经典游戏设计模式。

在代码清单 6-1 中，大括号之间的代码称为游戏循环体，或游戏循环的一帧。这里使用“帧”（frame）一词并不是巧合。这与电影或动画中的帧是相同的概念。这个代码块从头到尾就是在移动和绘制对象。这就是游戏中的一帧。

在现代的游戏控制台和操作系统上，可能无法创建 while 型的游戏循环（如代码清单 6-1 所示）。你可能需要处理一些问题，如轮询和触发事件的消息系统、监视定时器、在后台运行的线程或者并行工作的单个多处理器内核。尽管 while 循环不适用于所有平台上的游戏循环，但帧的思想是适用的。这仍是一个游戏循环，不过循环部分可以采用一种特定于系统的方式处理。

6.3.2 实际游戏循环

为了展示一个实际的游戏循环，下面将创建一个工程。先从 Xcode 中的 OpenGL ES 模板开始，我将介绍首先要做哪些修改来支持可移植性。

OpenGL ES 模板使用一个定期触发调用一个函数的定时器。默认地，它设置为每秒调用 60 次。这个定时器将用来调用帧代码，相应地创建循环。iPhone 并不要求必须以这种方式创建游戏循环，不过这种方法对于节省电池能量很不错（对 iPhone 来说）。或者，为了得到更好的性能，你可能还希望创建一个线程。

创建工程之后，在 Finder 中导航到工程所在文件夹。创建一个名为 Source 的文件夹。

游戏的相关代码都要放在 Source 中。Objective-C 代码放在其默认文件夹 Classes 中。这样一来，游戏代码和系统代码是分离的。在其他平台上 Objective-C 代码对我们并无多大帮助，因此没有必要让它们混在游戏代码中碍事。

在 Source 文件夹中，创建文件 game.h 和 game.c，其中分别包含代码清单 6-2 和代码清单 6-3 中的游戏代码。

代码清单 6-2 game.h 文件

```
#ifndef __GAME_H__
#define __GAME_H__

void GameLoopFrame();

#endif /* __GAME_H__ */
```

代码清单 6-3 game.c 文件

```
#include "game.h"

void GameLoopFrame() {
    /* 移动游戏元素 */
    /* 绘制游戏元素 */
}
```

确保将这些文件增加到 Xcode（如果还没有这么做）。

接下来，下面对 OpenGL ES 模板生成的部分做一些修改。打开 Classes 文件夹中的 EAGLView.h 文件，在最前面应包含头文件，如代码清单 6-4 所示。

代码清单 6-4 EAGLView.h 文件的最前面

```
#import <UIKit/UIKit.h>
#import <OpenGLES/EAGL.h>
#import <OpenGLES/ES1/gl.h>
#import <OpenGLES/ES1/glext.h>

#include "../Source/game.h"
```

接下来，打开 Classes 文件夹中的 EAGLView.m，并找到 drawView 函数。尽管 drawView 这个名字对于模板应用程序来说是准确的，但我建议将它重命名为 updateView，从而反映它具体要做的工作。为简单起见，我仍称之为 drawView。

从 drawView 函数删除上下文和绑定调用以外的其他内容，插入一个 GameLoopFrame 调用。

提示

并非直接删除 drawView 中的一切，你可能希望将 OpenGL ES 代码移至 game.c 中的 GameLoopFrame 函数。要确保在这个文件最前面包含 OpenGL ES 头文件。

完成修改后，函数应当如代码清单 6-5 所示。

代码清单 6-5 EAGLView.m 中修改后的 drawView 函数

```
- (void)drawView {
    [EAGLContext setCurrentContext:context];
    glBindFramebufferOES(GL_FRAMEBUFFER_OES, viewFramebuffer);
    GameLoopFrame();

    glBindRenderbufferOES(GL_RENDERBUFFER_OES, viewRenderbuffer);
    [context presentRenderbuffer:GL_RENDERBUFFER_OES]
}
```

提示

如果要在这里调用 C++ 代码而不是 C 代码，可以将文件由 EAGLView.m 重命名为 EAGLView.mm。扩展名 .mm 告诉 Xcode(GCC) 将这个代码编译为 Objective-C++。如果你已经将一个 .m 文件重命名为 .mm 文件，则建议对所有 .m 文件（Classes 文件夹中的 EAGLView.m 和 MyProjectAppDelegate.m，以及 main.m）重新命名。为一致起见，还应当将 .c 文件保存为 .cpp 文件。

现在你已经有了一个程序，它可以将游戏代码与 Objective-C 代码相分离。它并没有什么实际功能，不过这是一个很好的起点。

6.3.3 帧与刷新速率

在游戏中，帧既是一个代码块，也是对时间的一个度量。帧通常按 fps 来考量。你可能已经熟悉 60fps（NTSC 视频）、50fps（PAL 视频）或 24fps（电影）。取决于上下文，这些数字可能称为帧速率，或者刷新速率。

很显然，60 fps 被许多现代显示技术所采用，包括 LCD。iPhone 的屏幕就以 60fps 的速率刷新（刷新速率），所以为了得到最好的结果，你的游戏也应该采用这个速率（帧速率）。

在 OpenGL ES 模板中，Apple 提供的代码运行速率为 60fps。默认示例并没有多少功能，因此理解起来不会有什么麻烦。不过，你的游戏完成绘制所需的时间可能会超过 1/60 秒。如果发生这种情况，你的游戏就会慢下来。你往往会优化图形代码来避免这种情况，不过最终可能会碰壁。发生这种情况时，意味着可能需要跳帧（frame skipping）。我将在本章后面详细讨论一个跳帧实现，不过首先你需要做一些准备工作。

6.3.4 Work 与 Draw 帧代码

支持跳帧的第一步是分解帧代码。具体来说，需要将移动和绘制代码分开。

为此，删除 GameLoopFrame 函数，然后创建两个新函数来取代它：Work 和 Draw，如代码清单 6-6 和代码清单 6-7 所示。

代码清单 6-6 game.h 文件

```
#ifndef __GAME_H__
#define __GAME_H__

void Work();
void Draw();

#endif /* __GAME_H__ */
```

代码清单 6-7 game.c 文件

```
#include "rgame.h"

void Work() {
    /* 移动游戏元素 */
}

void Draw() {
    /* 绘制游戏元素 */
}
```

接下来，更新 drawView 来反映这个改变，如代码清单 6-8 所示。

代码清单 6-8 EAGLView.m 中更新后的 drawView 函数

```
- (void)drawView {
    Work();

    [EAGLContext setCurrentContext:context];
    glBindFramebufferOES(GL_FRAMEBUFFER_OES, viewFramebuffer);

    Draw();

    glBindRenderbufferOES(GL_RENDERBUFFER_OES, viewRenderbuffer);
    [context presentRenderbuffer:GL_RENDERBUFFER_OES]
}
```

在 Work 函数中，要移动、步进、推进或完成一帧的工作。Draw 中则要渲染或绘制帧。我在这里倾向于使用“work”（工作）而不是“move”（移动），因为游戏中并不总是在移动对象，而往往是做些什么（也就是说，要完成一些工作）。

将游戏循环划分为两部分，这就为跳帧建立了一个基础。game.c 和 game.h 无需做其他任何改变，不过必须确保将完成绘制的所有代码放在 Draw 中，而将其他代码放在 Work 中。

6.4 与事件驱动操作系统合作

与大多数操作系统一样，iPhone 操作系统是事件驱动的。这说明，在任意时刻应用都可能会接收到一个消息。不论是绘制时、完成复杂的计算时，或者空闲时，随时都需要做好准备。一般来讲，这个消息会取得系统的最高优先级，并立即得到处理。系统自动调用你的事件处理程序，要由你来对消息进行处理：处理消息或者将其忽略。消息可以是任何形式，从触控消息到电量警告，再到应用程序关闭提示。

游戏循环并不总能做好准备随时获取消息。实际上，也没有必要如此，不过这意味着你需要以一种不同的方式处理消息。

有了以上了解，你可能想要立即着手跟踪触控。不过，首先需要做一个小小的准备。

6.4.1 准备跟踪触控

为了简化后面的代码，可以使用一个类型来表示一个位置或一个点，如代码清单 6-9 所示。Apple 确实为我们提供了一个类型（即 CGPoint），但正如我前面所述，编写可移植代码时不能依赖于任何特定于 Apple 的特性。

代码清单 6-9 一个简单的 2D 矢量类型

```
typedef struct {
    float x, y;
} Vector2D;
```

无需过多地深入矢量数学，只要把点和位置都看作且仅看作矢量。出于这个原因，现在就要从矢量开始，而不是以后再做修改。

6.4.2 跟踪触控

为了妥善地处理大量连续的系统事件，需要编写事件处理程序。不过并非对结果做任何处理，只需将它们存储起来。记录所发生的（你关心的）事件——触控、释放和移动。

在 drawView 函数前面增加代码清单 6-10 所示的变量和事件处理函数。

代码清单 6-10 EAGLView.m 中跟踪触控的 Objective-C 事件处理程序

```
Vector2D ActiveTouchPos;
int ActiveTouchValue;

- (void)touchesBegan:(NSSet *)touches withEvent:(UIEvent *)event {
    int CurrentTouch = 0;
    for (UITouch *touch in touches) {
        CGPoint touchPoint = [touch locationInView:self];

        /* 仅第一次触控 */
        if ( CurrentTouch == 0 ) {
            ActiveTouchPos.x = touchPoint.x;
            ActiveTouchPos.y = touchPoint.y;

            ActiveTouchValue = 1;
        }

        CurrentTouch++;
    }
}

- (void)touchesMoved:(NSSet *)touches withEvent:(UIEvent *)event {
    int CurrentTouch = 0;
    for (UITouch *touch in touches) {
        CGPoint touchPoint = [touch locationInView:self];

        /* 仅第一次触控 */
        if ( CurrentTouch == 0 ) {
            ActiveTouchPos.x = touchPoint.x;
            ActiveTouchPos.y = touchPoint.y;
        }

        CurrentTouch++;
    }
}


- (void)touchesEnded:(NSSet *)touches withEvent:(UIEvent *)event {
    int CurrentTouch = 0;
    for (UITouch *touch in touches) {
```

```
        CGPoint touchPoint = [touch locationInView:self];

        /* 仅第一次触控 */
        if ( CurrentTouch == 0 ) {
            ActiveTouchPos.x = touchPoint.x;
            ActiveTouchPos.y = touchPoint.y;

            ActiveTouchValue = 0;
        }

        CurrentTouch++;
    }
}
```

代码清单 6-10 中的事件处理函数只跟踪第一次触控。你可能更希望通过创建数组来跟踪更多触控，不过在这个例子中我没有这么做。

作为事件处理程序，代码清单 6-10 中存储的触控信息可在任意时刻改变。在 Work 或 Draw 函数中访问这个信息并不安全，因为事件处理程序可能在一帧期间的任意时刻改变。为了保证安全，应当取触控信息的一个快照。

将代码清单 6-11 中所示的代码增加到代码清单 6-10 中的代码之后，而且保证在 drawView 之前。

代码清单 6-11 EAGLView.m 中取活动触控信息快照的代码

```
Vector2D TouchPos;
int TouchValue;

void Update_Input() {
    /* 复制活动触控 */
    TouchPos.x = ActiveTouchPos.x;
    TouchPos.y = ActiveTouchPos.y;

    TouchValue = ActiveTouchValue;
}
```

代码清单 6-11 中的 Update_Input 函数查看触控信息变量，并建立一个副本。这个副本才是 Work 和 Draw 函数中可以使用的版本，因为只有调用 Update_Input 时副本才会改变。如代码清单 6-12 中所示，对 drawView 做一个简单的修改，现在就可以保证这一点。

代码清单 6-12 修改 drawView 来使用 Update_Input（EAGLView.m 中）

```
- (void)drawView {
    Update_Input();
    Work();

    [EAGLContext setCurrentContext:context];
    glBindFramebufferOES(GL_FRAMEBUFFER_OES, viewFramebuffer);
```

```
    Draw();
    glBindRenderbufferOES(GL_RENDERBUFFER_OES, viewRenderbuffer);
    [context presentRenderbuffer:GL_RENDERBUFFER_OES]
}
```

现在，应该允许游戏代码使用你的触控跟踪变量。对此有一个很容易的方法，这就是如代码清单 6-13 所示修改 game.h。

代码清单 6-13 更新 game.h，允许访问触控跟踪

```
#ifndef __GAME_H__
#define __GAME_H__

typedef struct {
    float x, y;
} Vector2D;

extern Vector2D TouchPos;
extern int TouchValue;

void Work();
void Draw();

#endif /* __GAME_H__ */
```

注意，这里没有包含 `Update_Input`。可以在这里包含这个函数，不过没有必要。具体的 `Update_Input` 函数非常依赖仅在 EAGLView.m 中出现的变量，而且 `Update_Input` 函数也是在 EAGLView.m 中调用，所以没有必要从外部访问。

6.4.3 游戏循环中模拟触控和释放事件

接下来，需要对 `Update_Input` 函数做一些改进。目前，它只是让你知道手指何时按下。你可能还希望知道用户最近何时触摸屏幕或释放，无需修改事件处理程序就可以做到这一点。具体做法如代码清单 6-14 所示。

代码清单 6-14 EAGLView.m 中的 `Update_Input` 提供原值跟踪

```
Vector2D TouchPos;
int TouchOldValue;
int TouchValue;

void Update_Input() {
    /* 复制活动触控 */
    TouchPos.x = ActiveTouchPos.x;
    TouchPos.y = ActiveTouchPos.y;

    TouchOldValue = TouchValue;
    TouchValue = ActiveTouchValue;
}
```

通过跟踪原值和当前值，并对二者进行比较，你可以了解很多情况。代码清单 6-15 包含了一些函数，你可以调用这些函数而不是共享变量。

代码清单 6-15 可以用来测试 TouchValue 和 TouchOldValue 特定组合的一些函数

```
int TouchChanged() {
    return (TouchValue ^ TouchOldValue);
}

int TouchIsDown() {
    return (TouchValue ^ TouchOldValue) & TouchValue;
}

int TouchIsUp() {
    return (TouchValue ^ TouchOldValue) & TouchOldValue;
}

int Touching() {
    return TouchValue;
}
```

你可能已经注意到，这里有一些技巧。由于我把触摸处理为 TouchValue 变成 1，所以可以使用位操作来了解这一点，我使用了 XOR(^) 位操作来检测变化。只要 TouchValue 和 TouchOldValue 不同，XOR 就会得 1。然后可以使用一个 AND(&) 位操作测试这是何种类型的改变。最后，依赖于 C 布尔逻辑，即非 0 的任何值都为真，可以在 game.c 中编写易读的代码，如代码清单 6-16 所示。

代码清单 6-16 TouchIsDown 函数的示例使用

```
if ( TouchIsDown() ) {
    /* 手指已经（这一帧）触摸到屏幕 */
    ...
}
```

这些函数可以放在 EAGLView.m 之外，因为它们完全依赖于数据的快照。不过，为了让这个例子更简单，我还是把它们放在这里。修改后的 game.h（如代码清单 6-17 所示）通过函数隐藏了 TouchValue 变量。

代码清单 6-17 game.h 中共享函数而不再共享 TouchValue 变量

```
#ifndef __GAME_H__
#define __GAME_H__

typedef struct {
    float x, y;
} Vector2D;

extern Vector2D TouchPos;
int TouchChanged();
int TouchIsDown();
int TouchIsUp();
```

```
int Touching();

void Work();
void Draw();

#endif /* __GAME_H__ */
```

提示

编写 UI 代码时，触摸（touch down）和松开（touch up）事件非常有用。如果记得触摸了哪个 UI 元素（down 事件），释放时（up 事件）可以测试同一个元素。如果二者相同，则激活这个动作。我们就是采用这种做法来创建允许用户触摸的按钮，允许用户将手指拖离按钮而不将其激活。Mac OS X 和 Windows 系统上的大多数标准按钮都是这样做的。

6.5 跳帧

跳帧（Frame skipping）是视觉方面的一个让步。其思想是，如果前一帧耗费时间过长，你可以跳过绘制，直到能跟上速度。这依赖于这样一个事实：一帧期间做的大多数工作与具体绘制相比不那么密集。经验规则是，不绘制时应当能够完成两帧或多帧的工作。跳帧代码可以处理帧中有时繁重的工作，但是为了得到最好的结果，应当尽可能避免这样做。

有两种常见类型的跳帧：

固定帧速率跳帧：听上去很简单，也确实如此。在运行速率通常为 60fps 的游戏中，可以修改定时器以 30fps 的速率“滴答”(tick)，并且每帧调用两次 `Work` 代码，从而使帧速率减半。这就是它的基本思想。在实际中，你想要的往往并不是固定帧速率跳帧。

浮动或动态帧速率跳帧：这是最常见的一种类型。这种跳帧更为复杂，不过这才是你真正想要的。为了实现动态帧速率跳帧，需要检查系统时间来了解实际过去了多长时间。

我不打算把浮动跳帧的相关代码一次性完全展示给你（否则可能让你很受打击），这里将逐步分析这些代码，具体包括：

- 准备 `drawView`，从而在一帧中完成多个 `Work` 函数调用；
- 构建一个系统时间操作库；
- 使用这个库来实现跳帧。

要了解 `drawView` 中如何完成跳帧，请看代码清单 6-18。

代码清单 6-18 EAGLView.m 中修改后的 drawView，这里粗略展示了跳帧循环的构成

```
- (void)drawView {
    int WorkFrames = 1;

    while ( WorkFrames-- ) {
        Update_Input();
        Work();
    }
    [EAGLContext setCurrentContext:context];
    glBindFramebufferOES(GL_FRAMEBUFFER_OES, viewFramebuffer);

    Draw();

    glBindRenderbufferOES(GL_RENDERBUFFER_OES, viewRenderbuffer);
    [context presentRenderbuffer:GL_RENDERBUFFER_OES]
}
```

这里将 `WorkFrames` 硬编码为 1。不过最终你将建立一个实际的函数，来指出实际经过了多少帧，另外要为所需完成的每一帧工作实现循环。

这里也做了一些技巧性的工作。`WorkFrames`——会在 `while` 循环中的测试之后将 `WorkFrames` 的值递减。与前面一样，我仍以 C 布尔逻辑为依据，即非 0 的任何值都为真。由于 `WorkFrames` 为 1，其结果是只循环一次。

接下来需要查看系统时间，得出实际过去了多长时间。

6.5.1 创建一个 Unix 系统时间库

Mac OS X 和 iPhone 操作系统是由 BSD（Unix）派生的操作系统。因此，需要依赖 Unix 的方式来检查过去了多长时间。这个代码同样适用于 Linux，不过它在 Windows 上的表现则完全不同。

Unix 时间中的一个时刻表示为一个 `timeval`，这是存储时间的一个高精度类型。它能够表示数十亿秒，精度可以达到百万分之一秒。由于我们关心的是 1/60 秒，所以其精度远远超过我们所需。

`timeval` 结构通常定义如下，见代码清单 6-19。

代码清单 6-19 一个标准的 Unix timeval 结构

```
struct timeval {
    int tv_sec;     /* 秒 */
    int tv_usec;   /* 毫秒 */
};
```

尽管不需要你自行定义 `timeval`，但确实需要使用这个类型。通常有这样一条规则，微秒绝对不会超过一百万。不过一旦使用这个类型，你就要确保不会违反这个规则。

使用 timeval 类型时，通常会从函数 gettimeofday 开始。顾名思义，使用这个函数会告诉你现在是什么时间（微秒数），如代码清单 6-20 所示。

代码清单 6-20 timeval 的常见用法（利用 gettimeofday）

```
timeval tv;
gettimeofday( &tv, 0 );
```

说明

> Unix 时间的历史很有意思，将来也会很有趣。它并不是从 0 年开始计数，而是从 1970 年 1 月 1 日午夜开始。如果做一些数学计算，你会发现我们将遇到另一个“千年虫”问题。到 2038 年 1 月 18 日，采用 Unix 时间机制的时间会开始向上溢出。 希望在遇到这个问题之前，我们都已经在 64 位的 CPU 上运行 64 位操作系统了。

为 timeval 配备的函数库可以告诉你很多信息。遗憾的是，其中并没有足够的操作来完成跳帧。所以，你要在这里自行编写函数。

在 source 文件夹下创建两个新文件：UnixTime.h 和 UnixTime.c。这会成为处理 Unix 时间的一个库。首先分析头文件 UnixTime.h，如代码清单 6-21 所示。

代码清单 6-21 UnixTime.h 文件

```
#ifndef __UNIXTIME_H__
#define __UNIXTIME_H__

#include <sys/time.h>

typedef struct timeval TIMEVALUE;

TIMEVALUE GetTimeNow();
TIMEVALUE AddTime( TIMEVALUE a, TIMEVALUE b );
TIMEVALUE SubtractTime( TIMEVALUE a, TIMEVALUE b );

void SetFramesPerSecond( const int Ticks );
int GetFrames( TIMEVALUE* tv );
void AddFrame( TIMEVALUE* tv );
void ResetTime();

#endif /* __UNIXTIME_H__ */
```

这个文件包含 7 个全新的函数和一个 typedef。注意，我没有使用 timeval 类型，而是使用了一个新类型 TIMEVALUE。这样做有两个原因。

- timeval 在 C 中定义为一个结构（struct）。在 C 编程语言中，必须在结构的所有实例前面加上 struct 关键字作为前缀，如 struct timeval GetTimeNow();。要避免这一点，一种简洁的做法是使用 typedef 关键字。这样一来，就可以使用一个类型名而不必再加上 struct 或 typedef 关键字。这会让将来的代码更易于读写。

- 编写可移植代码时要注意的一个重要问题是命名冲突。使用 typedef 关键字时，一种常见的做法是为新类型给定一个名字，这个名字与原类型字母相同但采用全大写形式。这里存在一个问题，在 Windows 上 TIMEVAL 还有其他用途。不过，TIMEVALUE 在 Linux、Windows 和 Mac/iPhone 系统上尚未使用。

提示

C++ 命名空间特性在处理命名冲突时可以发挥作用。全局作用域中的名字可以用 :: 作符引用（例如 ::timeval）。另外，名字可以在定制命名空间中重用（如 MyLibrary::timeval）。

UnixTime.c 文件中的实现如代码清单 6-22 所示。

代码清单 6-22 UnixTime.c 中的包含指令和变量

```
#include "UnixTime.h"

int FrameRateConstant;
TIMEVALUE OneFrameConstant;
```

代码清单 6-22 包含两个全局变量。FrameRateConstant 保存期望的每秒帧数，这往往设置为 60fps。OneFrameConstant 是一个 timeval 值，表示一帧的长度（以微秒为单位）。将 timeval 值转换为帧数时需要用到这个变量。

下面创建函数。代码清单 6-23 显示了获取当前时间的函数——GetTimeNow。

代码清单 6-23 UnixTime.c 中返回当前时间的函数

```
TIMEVALUE GetTimeNow() {
    TIMEVALUE tv;
    gettimeofday( &tv, 0 );
    return tv;
}
```

可以注意到，尽管获取时间应该是 GetTime，但我没有采用这个函数名。原因在于这里也存在一个命名冲突，不过这一次是函数名冲突。GetCurrentTime 也已经在用，所以只能稍稍加点创意将函数名定为 GetTimeNow。

警告

要注意，一些 C 库依赖于宏（#define）。在使用之前，你可能需要解除宏或符号的定义（#undef），从而保证不会破坏你的代码。或者，也可以利用 #undef 关键字避免一个命名冲突。不过使用这种方法时要特别当心，因为一些宏可能依赖于符号才能工作。

接下来是完成 timeval 值加减运算的一对函数，如代码清单 6-24 所示。

代码清单 6-24 UnixTime.c 中的 timeval 值加减运算函数

```
TIMEVALUE AddTime( TIMEVALUE a, TIMEVALUE b ) {
    TIMEVALUE tv;
    tv.tv_usec = a.tv_usec + b.tv_usec;
    tv.tv_sec = ta.v_sec + b.tv_sec + (tv.tv_usec / 1000000);
    tv.tv_usec %= 1000000;
    return tv;
}

TIMEVALUE SubtractTime( TIMEVALUE a, TIMEVALUE b ) {
    TIMEVALUE tv;
    tv.tv_usec = a.tv_usec - b.tv_usec;
    tv.tv_sec = a.tv_sec - b.tv_sec + (tv.tv_usec / 1000000);
    tv.tv_usec %= 1000000;
    return tv;
}
```

代码清单 6-24 中的大量工作都是在检查是否满足“微秒值（tv_usec）不能超过一百万”的规则。

函数 GetFrames（如代码清单 6-25 所示）将一个 timeval 值转换为帧数。可以用这个代码来检测所得到的时间是否超过一帧时间。

代码清单 6-25 将 timeval 转换为帧数的函数（UnixTime.c）

```
int GetFrames( TIMEVALUE* tv ) {
    return (tv->tv_sec * FrameRateConstant) +
        (tv->tv_usec / OneFrameConstant.tv_usec);
}
```

AddFrame 函数（如代码清单 6-26 所示）用于向一个 timeval 值增加一帧时间。

代码清单 6-26 UnixTime.c 中向一个 timeval 增加一帧时间的函数

```
void AddFrame( TIMEVALUE* tv ) {
    *tv = AddTime( *tv, OneFrameConstant );
}
```

在循环中使用 AddFrame 函数的部分原因是为了尽量减少数值误差（下一节你会了解为什么这很重要）。

最后，辅助函数 SetFramesPerSecond（如代码清单 6-27 所示）用于设置帧速率。

代码清单 6-27 UnixTime.c 中设置帧速率的辅助函数

```
void SetFramesPerSecond( const int Ticks ) {
    FrameRateConstant = Ticks;
```

```
    OneFrameConstant.tv_sec = 0;
    OneFrameConstant.tv_usec = (1000000 / Ticks);
}
```

一定要把这两个文件（UnixTime.c 和 UnixTime.h）增加到 Xcode（如果还没有这样做）。

提示

一旦跳帧开始工作，一个好处是你可以把游戏中的所有一切都按帧来考虑（作为完整的单位，而不是时间段）。例如，通过统计帧数，可以知道过去了多少游戏时间和实际时间。将帧数除以帧速率就可以知道已经玩了多少秒。游戏未暂停时统计帧数可以提供“游戏时”统计信息。

现在，你已经得到了第一部分库代码，这些代码在 iPhone、Mac 和 Linux 平台上都可以使用。

在 Windows 上，要用一个不同的调用（`timeGetTime`）得到系统时间。Windows 时间按千分之一秒来度量。Unix 时间更为精确，按百万分之一秒度量。`timeGetTime` 从应用程序启动的时刻开始计数。除非适当地处理，否则应用程序中的时钟可能每 25 天（如果是无符号数则是 50 天）就会溢出。对于游戏来说这通常不是问题，但是一个多媒体服务器每隔几周就死机可不是件好事。

6.5.2 使用 UnixTime 库实现跳帧

既然已经有了一些处理 `timeval` 值的工具函数，下面可以在 OpenGL ES 模板应用程序中实现跳帧。

首先，在 EAGLView.h 最前面包含这个工具函数库，如代码清单 6-28 所示。

代码清单 6-28 为 EAGLView.h 增加 Unix 时间支持

```
#import <UIKit/UIKit.h>
#import <OpenGLES/EAGL.h>
#import <OpenGLES/ES1/gl.h>
#import <OpenGLES/ES1/glext.h>

#include "../source/UnixTime.h"
#include "../source/game.h"
```

接下来，打开 EAGLView.m，找到 `initWithCoder`。如代码清单 6-29 所示，声明一个 `timeval` 变量来跟踪最近完成的工作时间，并初始化该变量。

代码清单 6-29 EAGLView.m 中增加一个 Unix 时间并初始化

```
TIMEVALUE WorkTime;

- (id)initWithCoder:(NSCoder*)coder {
```

```
    if ((self = [super initWithCoder:coder])) {
        // 获取图层
        CAEAGLLayer *eaglLayer = (CAEAGLLayer *)self.layer;

        eaglLayer.opaque = YES;
        eaglLayer.drawableProperties =
            [NSDictionary dictionaryWithObjectsAndKeys:
                [NSNumber numberWithBool:NO],
                kEAGLDrawablePropertyRetainedBacking,
                kEAGLColorFormatRGBA8,
                kEAGLDrawablePropertyColorFormat,
                nil];

        context =
        [[EAGLContext alloc] initWithAPI:kEAGLRenderingAPIOpenGLES1];

        if (!context || ![EAGLContext setCurrentContext:context]) {
            [self release];
            return nil;
        }

        animationInterval = 1.0 / 60.0;
        SetFramesPerSecond( 60 );
        WorkTime = GetTime();
    }
    return self;
}
```

最后，向下滚动到 drawView，实现跳帧，如代码清单 6-30 所示。

代码清单 6-30 EAGLView.m 中实现了跳帧的 drawView

```
- (void)drawView {
    TIMEVALUE TimeDiff = SubtractTime( GetTimeNow(), WorkTime );
    int WorkFrames = GetFrames( &TimeDiff );

    while ( WorkFrames-- ) {
        Update_Input();
        Work();
        AddFrame( &WorkTime );
    }

    [EAGLContext setCurrentContext:context];
    glBindFramebufferOES(GL_FRAMEBUFFER_OES, viewFramebuffer);

    Draw();

    glBindRenderbufferOES(GL_RENDERBUFFER_OES, viewRenderbuffer);
    [context presentRenderbuffer:GL_RENDERBUFFER_OES]
}
```

在代码清单 6-30 最上面，取工作时间（WorkTime）和系统时间之差，然后确定有多少帧。以帧数作为循环次数，每次迭代时向 WorkTime 增加一帧的时间。

注意，这里向 WorkTime 增加了完整的帧，而不是假设速度已经跟上。如果假设速度已经跟上会存在一个问题：可能并不是刚好超过一帧或两帧，而有可能只超出帧的一部分。不过，你完成的工作应当是准确的一帧或多帧工作，而不是帧的某一部分。

WorkTime 是工作时间快照。这是你完成实际工作的具体时间。你要检测何时实际时间比 WorkTime 超出一帧或多帧，并追上这个时间。这就是跳帧。

6.6 倾斜和触摸物理示例

本章到目前为止，我已经介绍了与游戏循环、跳帧、风格样式和可移植性有关的很多技术。我已经尽我所能对所有内容做了解释，并指出会在哪里用到这些技术，不过有时具体看一个真实世界的示例会很有好处。所以，本章后面的内容就是介绍一个真实的例子。

这里准备的示例应用程序是一个简单的物理模拟程序，其中多个对象相互交互，并支持 iPhone 倾斜和触摸。实际运行时会更为有趣，不过图 6-8 应该也能让你对它略有了解。

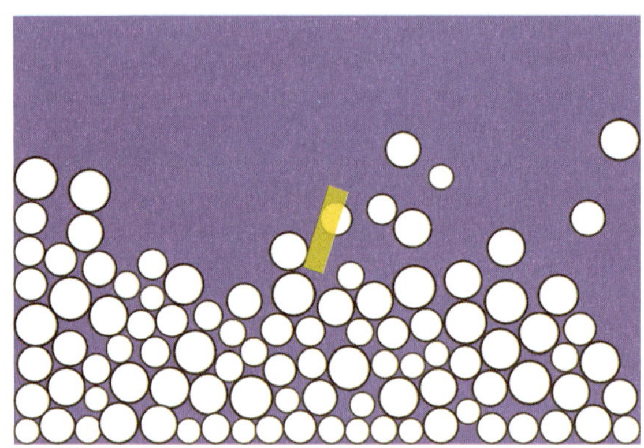

图 6-8 物理模拟示例应用程序

这个示例应用程序涵盖了这一章讨论过的所有特性，另外还会给你一些惊喜。可以把它看作一个游戏循环型 iPhone 游戏的实际例子。完整的源代码可以从 Apress 网站（http://www.apress.com）中本书详细信息页面得到。

6.6.1 物理模拟示例的游戏代码

下面来看游戏代码，首先是头文件，见代码清单 6-31。

代码清单 6-31 game.h 文件

```
#ifndef __GAME_H__
#define __GAME_H__
```

```
typedef struct {
    float x, y;
} Vector2D;

extern Vector2D TouchPos;
extern Vector2D Orientation;

int TouchChanged();
int TouchIsDown();
int TouchIsUp();
int Touching();

void Game_Initialize();
void Game_Exit();
void Game_Work();
void Game_Draw();

#endif // __GAME_H__ //
```

这看起来很熟悉，不过与之前给出的代码相比这里也有一些改变，如下所述。

- 除了触摸位置（TouchPos），现在还有一个 Orientation 矢量，这个矢量指出 iPhone 的朝向。如果比较高，那么 Orientation.y 大于 Orientation.x；如果较宽，则 Orientation.x 大于 Orientation.y。加速计读取的相应实现极其简单。这里并不打算过滤或平滑这些值，它只是将 x 和 y 值直接插入到矢量中。
- Work 和 Draw 函数现在有了一个 Game_ 前缀。
- 有两个新函数：Game_Initialize 和 Game_Exit。

game.c 文件比之前的例子要复杂得多。为了更好地解释其中所做的工作，我将随机（不按顺序）地详细介绍这个文件。首先代码清单 6-32 给出了头文件（代码清单 6-31）中提到的 4 个函数。

代码清单 6-32 有 Game_ 前缀的函数（靠近 game.c 的末尾）

```
void Game_Initialize() {
    InitGraphics();
    LoadBallGraphic();

    InitBallPhysics();
    SelectedBall = -1;
}

void Game_Exit() {
    FreeBallGraphic();
}

void Game_Work() {
    DoInput();
    StepBallPhysics();
```

```
}

void Game_Draw() {
    ClearBackground();

    DrawBalls();

    DrawArrow();
}
```

这些函数如下工作。

- Game_Initialize 调用一个函数初始化图形系统（InitGraphics），然后加载一个球形（LoadBallGraphic）、初始化物理模拟（InitBallPhysics），最后指定当前没有选择任何球。
- Game_Exit 只是释放球形（FreeBallGraphics）。
- Game_Work 处理输入（DoInput），并让球的物理模拟向前推进（StepBallPhysics）。
- Game_Draw 首先清空背景（ClearBackground）、绘制球形（DrawBalls），并在上方绘制一个图形来标识倾斜方向（DrawArrow）。

下面来看物理模拟。首先，代码清单 6-33 显示了这里使用的一些类型和变量。

代码清单 6-33　game.c（从最前面开始）

```
typedef struct {
    Vector2D Pos, Old;
    float Radius;
} tBall;

#define BALL_X 10
#define BALL_Y 10
#define BALL_MAX (BALL_X * BALL_Y)

tBall Ball[BALL_MAX];

int SelectedBall;
Vector2D SelectedOffset;

Vector2D GravityVector;
```

除了一个新类型 tBall，这里还有之前的 Vector2D 类型。这个物理模拟让多个球四处移动，tBall 是一个表示球的类型。球有一个当前位置、原来的位置和半径。如果只有一个或两个球，可能没有太大意思，所以这个游戏有一百个球。

接下来，代码清单 6-34 显示了创建过程。

代码清单 6-34　game.c 续：球创建过程

```
void InitBallPhysics() {
```

```
    int x, y;
    int Offset = 0;

    // 填充圆球列表 //
    for ( y = 0; y < BALL_Y; y++ ) {
        for ( x = 0; x < BALL_X; x++ ) {
            int idx = x + (y * BALL_X);

            Ball[idx].Pos.x = ((x-(BALL_X>>1)) * 32) + 16 + Offset - 4;
            Ball[idx].Pos.y = ((y-(BALL_Y>>1)) * 32) + 16;

            Ball[idx].Old.x = Ball[idx].Pos.x;
            Ball[idx].Old.y = Ball[idx].Pos.y;

            Ball[idx].Radius = 10 + Offset;

            Offset++;
            Offset &= 7;
        }
    }
}
```

这会创建多个大小不同的球，而且这些球相互之间位置略有偏差。之所以设置这些偏差是为了在开始时不会显得过分完美。如果把这些偏差去掉，并把角度调整为垂直向下，这些球就会像雪人一样一个摞一个地堆叠在一起。这不能算是一个 bug，只是有些怪异。

现在，来看这个应用程序的核心。代码清单 6-35 显示了球的物理学运动。

代码清单 6-35 game.c 续：球的物理学运动

```
void StepBallPhysics() {
    int idx, idx2;

    // 移动圆球（Verlet 物理模拟）//
    for ( idx = 0; idx < BALL_MAX; idx++ ) {
        float Velocity_x = Ball[idx].Pos.x - Ball[idx].Old.x;
        float Velocity_y = Ball[idx].Pos.y - Ball[idx].Old.y;

        Ball[idx].Old.x = Ball[idx].Pos.x;
        Ball[idx].Old.y = Ball[idx].Pos.y;

        Ball[idx].Pos.x += Velocity_x * 0.99f + GravityVector.x;
        Ball[idx].Pos.y += Velocity_y * 0.99f + GravityVector.y;
    }

    // 解决圆球之间的碰撞 //
    for ( idx = 0; idx < BALL_MAX; idx++ ) {
        for ( idx2 = idx+1; idx2 < BALL_MAX; idx2++ ) {
            float Line_x = Ball[idx2].Pos.x - Ball[idx].Pos.x;
            float Line_y = Ball[idx2].Pos.y - Ball[idx].Pos.y;

            float Magnitude =
                sqrt( (Line_x * Line_x) + (Line_y * Line_y) );
```

```
            if ( Magnitude <= 0.0f )
                continue;

            Line_x /= Magnitude;
            Line_y /= Magnitude;

            float RadiusSum = Ball[idx2].Radius + Ball[idx].Radius;

            float Diff = Magnitude - RadiusSum;

            if ( Diff < 0.0f ) {
                Ball[idx].Pos.x += Diff * Line_x * 0.5f;
                Ball[idx].Pos.y += Diff * Line_y * 0.5f;

                Ball[idx2].Pos.x -= Diff * Line_x * 0.5f;
                Ball[idx2].Pos.y -= Diff * Line_y * 0.5f;
            }
        }
    }

    // 将圆球限制到墙
    for ( idx = 0; idx < BALL_MAX; idx++ ) {
        if ( Ball[idx].Pos.x - Ball[idx].Radius < -160.0f )
            Ball[idx].Pos.x = -160.0f + Ball[idx].Radius;

        if ( Ball[idx].Pos.y - Ball[idx].Radius < -240.0f )
            Ball[idx].Pos.y = -240.0f + Ball[idx].Radius;

        if ( Ball[idx].Pos.x + Ball[idx].Radius > 160.0f )
            Ball[idx].Pos.x = 160.0f - Ball[idx].Radius;

        if ( Ball[idx].Pos.y + Ball[idx].Radius > 240.0f )
            Ball[idx].Pos.y = 240.0f - Ball[idx].Radius;
    }
}
```

说明

> 我原来以为这个代码能短一些，不过我忘记了用 C 完成这个工作会增加很多代码行。你可以用一个精心编写的 C++ 矢量数学类（并不是 STL 矢量）简化代码，用一些操作来消除重复的代码行，并提供一些函数计算大小和裁剪坐标。

代码清单 6-35 中的代码就可以完成完整的物理模拟——一旦建立，一切都将由它处理。这也是一个简化的物理模拟。它并不支持质量或力矩，另外这里的摩擦力也是“骗人的”(`0.99f` 的标量)。但是这些都无关大碍，因为它看起来确实很酷。

代码清单 6-35 实现了一个 Verlet 积分（移动部分），并提供一个基于松弛的解算机。一个难度适当的基于松弛的解算机可以将两个解算迭代多次，不过只做一次可以让它更有弹性（我喜欢弹性）。要了解更多有关 Verlet 物理学的知识，可以参考 Thomas Jakobsen 撰写的文章

Advanced Character Physics（http://www.teknikus.dk/tj/gdc2001.htm）。

既然你已经了解了具体的工作，下面来看代码清单 6-36，其中展示了 DoInput 函数。

代码清单 6-36 game.c 续：DoInput 函数

```
void DoInput() {
    // 倾斜 //
    GravityVector.x = 0.1f * Orientation.x;
    GravityVector.y = 0.1f * Orientation.y;

    // 获取 //
    if ( TouchIsDown() ) {
        int idx;

        for ( idx = 0; idx < BALL_MAX; idx++ ) {
            float Line_x = TouchPos.x - Ball[idx].Pos.x;
            float Line_y = TouchPos.y - Ball[idx].Pos.y;

            float MagnitudeSquared = (Line_x * Line_x) + (Line_y * Line_y);

            if ( (Ball[idx].Radius * Ball[idx].Radius) > MagnitudeSquared )
            {
                SelectedBall = idx;

                SelectedOffset.x = Ball[idx].Pos.x - TouchPos.x;
                SelectedOffset.y = Ball[idx].Pos.y - TouchPos.y;

                break;
            }
        }
    }
    if ( TouchIsUp() ) {
        SelectedBall = -1;
    }

    if ( SelectedBall != -1 ) {
        Ball[SelectedBall].Pos.x +=
            ((TouchPos.x + SelectedOffset.x) - Ball[SelectedBall].Pos.x) * 0.15f;
        Ball[SelectedBall].Pos.y += ((TouchPos.y + SelectedOffset.y) -
            Ball[SelectedBall].Pos.y) * 0.15f;
    }
}
```

这个代码包含与 Verlet 物理学有关的一些内容。在这里，可以看到前一个例子中介绍过的 TouchIsDown 和 TouchIsUp。这个代码指出这一帧中手指在哪里落下，并找到我触摸的第一个球，将其选中。手指松开时，则取消对这个球的选择。只要有一个选中的球，就可以用手指移动这个球。

代码清单 6-37 显示了 game.c 中的最后一个函数——DrawBalls。

代码清单 6-37 game.c 续：DrawBalls 函数

```
void DrawBalls() {
    int idx;

    for ( idx = 0; idx < BALL_MAX; idx++ ) {
        DrawBall( Ball[idx].Pos.x, Ball[idx].Pos.y, Ball[idx].Radius );
    }
}
```

这个函数包含针对所有球的一个简单循环，其中调用了一个绘制球形的函数。

以上加在一起就构成了 game.c 的全部内容，这个游戏循环示例也告一段落。

6.6.2 可移植性的更多考虑

最后，我将给出一个扩展来体现可移植性思想。作为示例工程的一部分，下面来看文件 Graphics.h，如代码清单 6-38 所示。

代码清单 6-38 Graphics.h 文件

```
#ifndef __GRAPHICS_H__
#define __GRAPHICS_H__

void InitGraphics();
void ExitGraphics();

void LoadBallGraphic();
void FreeBallGraphic();
void DrawBall( float x, float y, float Radius );

void ClearBackground();
void DrawArrow();

#endif // __GRAPHICS_H__ //
```

这是一个头文件，包含图形的初始化以及游戏循环示例中使用的绘制函数。你会注意到，这些调用没有提到 OpenGL。实际上这个文件中根本没有 OpenGL 调用、类型和包含。完全不提及 OpenGL 并不是一个严格要求，这只是一个技巧，以便增强游戏代码的可移植性。

利用 OpenGL 之类的库所做的大多数工作都是大型批处理操作——加载一个图形、绘制一个 3D 模型等。这就产生了一个想法：可以自行构建一个最优的调用库，它可以移植到完全无关的图形 API（例如 DirectX）。

另一个文件 ESGraphics.c 包含了代码清单 6-38 中那些函数的 OpenGL ES 实现，这是个完备的文件。在这里我没有给出这个文件，因为它的篇幅太长，不过你可以从本书下载代码中得到这个文件。

另一个长文件 BallGraphic.c 是一个未压缩的原始图形，它被转换为一个 C 数组。这样就在代码中直接嵌入了数据，而不需要从文件中加载。为此我使用了一个定制工具，它读取一个二进制文件，并按标准 .c 文件的格式写一个文本文件。实际上，对于图像文件通常不会这样做，因为它们往往相当大，不过如果有很多小数据文件就可以考虑这种做法。相对于从磁盘加载，你可能更愿意将数据直接编译在代码中。

GCC 的链接程序（合并编译的源文件并建立一个可执行文件的程序）在这里特别有用。如果将一个对象定义为某个类型，通过一个技巧利用 extern 关键字可以让它作为一种不同类型对程序的余下部分可见。代码清单 6-39 显示了一个例子，从中可以看到如何定义数据（DataFile.c），代码清单 6-40 显示了如何通过包含一个头文件使数据可以被访问（DataFile.h）。

代码清单 6-39 DataFile.c 文件

```
extern char MyData[];
char MyData[] = {
    /* 这里放置逗号分隔的数据 */
    0, 1, 2, 3
};
```

代码清单 6-40 DataFile.h 文件

```
#ifndef __MYDATA_H__
#define __MYDATA_H__

#include "MyCustomType.h"

extern MyCustomType MyData[];

#endif // __MYDATA_H__
```

DataFile.c 文件（代码清单 6-39）中没有包含语句。如果在这里包含 DataFile.h，会造成符号冲突，因为这里将会有两个冲突的同名符号（MyData）。对于链接程序来说，这只是一个名字。另外，必须确保在 .c 文件中通过 extern 关键字使这个类型可见，因为如果没有使用这个关键字，一些编译器会做出优化而将这个符号去掉。

除了 Apress 网站上的其他下载代码，我还提供了一个可移植版本的物理模拟示例。在 Windows 和 Linux 系统上使用文件 GLGraphics.c，而不是 ESGraphics.c。另外，使用文件 SDLMain.c 取代你的 Objective-C 代码。这个可移植示例使用了 SDL（Simple DirectMedia Layer，简单 DirectMedia 层）图形库作为 OpenGL 的基础。可以从 http://www.libsdl.org 了解更多有关 SDL 的内容。

6.7 小结

这一章涵盖了很多关于可移植性思想的主题，包括：

- 支持可移植性的优点和缺点；
- 可移植性的基本考量；
- 游戏循环、帧和刷新速率；
- 在 iPhone 上使用 C（或 C++）而不是 Objective-C；
- 以一种可移植方式与事件驱动的操作系统合作；
- Unix 时间；
- 跳帧。

可移植方式工作有一些非常真切实际的好处。这一章介绍了编写可移植 iPhone 游戏代码（可以在不同平台上编译和运行）的基础知识。建议你仔细阅读这里的示例代码，并进一步利用 SDL 图形库和 OpenGL 做些研究。这两个库对于可移植性都有很大帮助。

要将一个游戏移植到令人兴奋的新平台上，支持可移植性还只是第一步。从一开始就应理解可移植性的问题，从长远来看这将节省时间。每个平台都有其差异和标准需要在构建一个产品时有所考虑，不过代码不应成为阻碍开发的瓶颈。

Mike Lee

所在公司：United Lemur

位置：美国硅谷

开发经历：离开夏威夷的家乡之后，我一直都很幸运，能与一些非常棒的团队共事，包括 Alaska Airlines、Tapulous、United Lemur，当然还有 Delicious Monster。在 Delicious Monster 时，我住在 Wil Shipley 家的地下室，那时 Wil Shipley、Lucas Newman 还有我在一起开发 Delicious Library 2，这个产品于 2007 年赢得了最佳 Leopard 应用程序 Apple 设计大奖。

iPhone 开发经历：Apple 引入 iPhone SDK 时，我离开了 Delicious Monster，也离开了西雅图，搬到了硅谷，与别人共同创立了一家 iPhone 小公司——Tapulous。作为首席架构师，我领导工程和设计小组创建了 Apple App Store 的很多早期产品，包括最流行的游戏 Tap Tap Revenge。

离开 Tapulous 后，我成立了 United Lemur，这是一家致力于为马达加斯加人以及狐猴筹集资金并引起人们关注的非盈利性公司。United Lemur 推出了智力游戏 Puzzllotto。我和 United Lemur 的很多成员还为官方的 Obama’08 campaign app 做过工作。

本章内容：如果把 iPhone 作为只有电话大小的计算机，因为它的硅片大小有限，所以把握其最新发展水平绝非易事。在从事 iPhone 开发的过程中，我从这个行业最棒的一些开发人员那里受益颇多。我也犯过一些错误，并从这些错误中得到很多教训。这里将通过 Shark、Xcode 和一些精巧的工程向你展示如何优化游戏性能。

关键技术：

- Core Graphics
- Core Animation
- Xcode 构建设置
- Shark

第7章

代码优化——来自Mike Lee（“世界上最顽强的程序员”）

如果你常常开发视频游戏，最后肯定需要明确如何实现“起火”。与其他问题一样，让像素燃烧有多种解决方案。因此，这可以作为一个绝好的例子，很适合通过它来学习优化“魔法”。

当然，最优（optimal）是一个相对的概念。可以采用多种方式优化，并且仍然满足物理定律和算法复杂性。工程时间很昂贵，这一章会多次强调这个问题，我将按三个需求来分析各个解决方案。

- 适合性（suitability）是一个解决方案解决问题的程度。显而易见，解决方案必须是正确的，但是正确性往往并不绝对。完美的代价可能非常昂贵，所以有必要做一些折衷。
- 性能（performance）是运行一个解决方案的昂贵程度。这个代码会把多少CPU时间、内存空间和电池电量转换为无用的热量？在这个方面，要达到完美，代价也很昂贵，折衷是不可避免的。
- 价值（value）是设计一个解决方案的昂贵程度。通常，工程人员说某个东西很昂贵时，是指它的表现不佳。真实世界中，工程时间的缺乏会转变为资金上的压力。昂贵（开销很大）的代码确实可以优化，但是这需要昂贵（成本很高）的工程人员。

7.1　第一代：粒子效果

下面先来考虑过去是如何解决类似问题的。作为小组成员，我参与构建 Delicious Library 2（这是一个组织管理媒体收藏的 Mac 应用程序）时曾遇到一个问题，需要燃烧的像素。删除书库中的书会导致它们着火，如图 7-1 所示。我们使用了一个用 Apple Core Animation 技术实现的粒子生成器。这个游戏看来还不错，它赢得了一项 Apple 设计大奖，所以看起来是个不错的起点。

图 7-1　Delicious Library 2 中的 Core Animation 粒子效果

遗憾的是，我的三角几何学只得了一个 D，所以即使是简单的牛顿粒子物理学我也无法应付。但幸运的是，很早以前已经有一些聪明人写出了相关公式，而 C 与数学非常相似，所以只花一下午的时间就可以写出一个粒子引擎，而无需对物理学有太多了解。但是你认为有必要这么做吗？

如果你想找点乐子，那么就去创建一个粒子引擎吧。我就是如此，而且我确实创建了一个粒子引擎，这个经历实在让人难忘。在创建粒子引擎的过程中，你会真切地感受到，尽管一个解决方案非常适合，但是在计算上可能开销过于昂贵，因而根本不可行。

Apple 可能会让你认为：从系统资源的角度来看，粒子效果很容易实现。Core Animation 推出时，我们对 60 000 个粒子的情况做了基准测试。这还只是我们在当时的硬件上完成的测试。随着可编程 GPU 的涌现，再加上即将推出的 Mac OS X 10.6（Snow Leopard）的超强并行能力，粒子效果绝对相当迷人——不过这只是针对 Mac。在 iPhone 上情况则完全不同。

Pangea Software 因游戏 Enigmo 获得了 Apple 设计大奖。看上去它的生成器生成了大约 100 个粒子。我通过自己的 iPhone 考察了它的电池消耗情况，可以看出这可能是 iPhone 粒子引擎能够达到的最为优化的程度了。

如前所述，建立一个粒子生成器并不需要花费太长时间，而且效果看起来可能相当棒，但是它们的开销也相当昂贵，如图 7-2 所示。除非应用程序除了动画演示着火以外什么也不做，否则你肯定不希望将全部资源都用来显示这个效果。

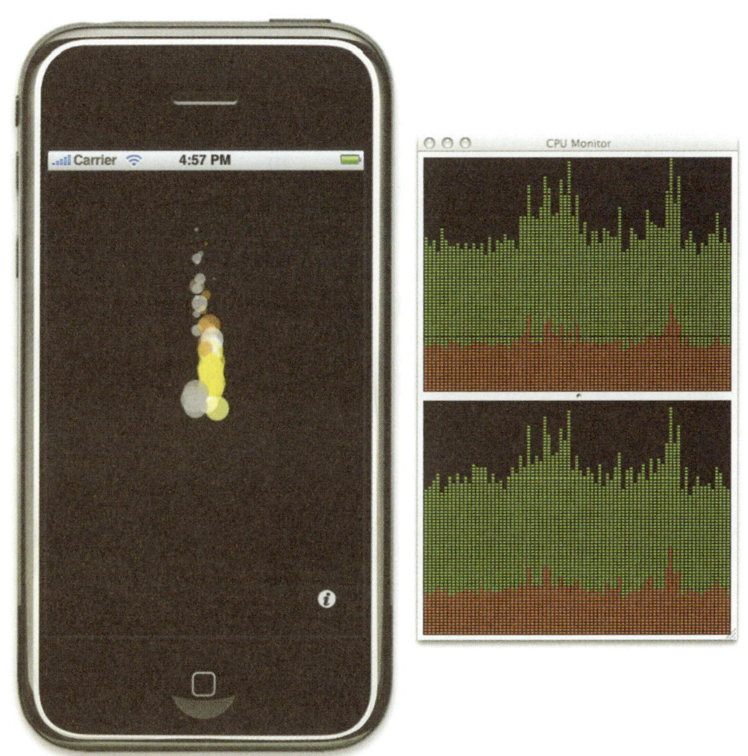

图 7-2 粒子效果会极大地消耗 iPhone 电池

如果无法采用尝试的方法，通常可以后退一步，从全局来考虑，这会很有帮助。

7.2 全局

有 3 个方面会对你修正 bug 和增加特性的能力带来限制。第一点是你理解代码的能力；第二点是你找出 bug 以及实现那些特性的能力；另外，第三点是机器处理指令的能力。

也就是说，机器只有有限的资源，而每一个特性都会耗费其中的一些资源。可以考虑一个汽车轮胎上有限的牵引力。汽车的每个基本特性——刹车、加速和转向——都要使用其中一部分牵引力。如果刹车过度就会耗用过多的牵引力，使汽车车轮打滑而离开正常跑道；计算机也是如此。

新特性使用的内存和处理时间越多，下一个特性可用的内存和处理时间就越少。如果给定时间运行所有特性所需的资源超出了机器所能提供的资源，情况就会不妙。可能音频、视频或动画中会丢帧，否则系统可能会自我保护，让你的应用程序崩溃。

在 iPhone 上，还要考虑到另外一点：每个时钟周期都会让电池更快地耗尽。很明显，确实有资源可供使用，但是要记住，这些资源属于用户。如果你浪费了用户的资源，他们很可能放弃你，而决定将他们的生意和钱交给你的竞争对手。

关键在于是什么使性能问题如此棘手。哪些方面需要更快一些？它们需要多快？这些问题并没有绝对的答案。如果一个特性本身会占用一半的 CPU，这很不好，但是如果有 5 个特性分别占用四分之一的 CPU，那就更糟糕了。这种情况并不鲜见；实际上，每个应用程序启动时都会发生这种情况。

接收用户输入前运行的每一行代码都会让用户等待。即便你投入整个开发周期力图让代码更快，它也无法做到足够快。更有效的做法是尽可能地删减那部分的代码。具体想法是，只加载可见的 UI，启动事件循环，然后加载填充 UI 所需的必要数据。所有其他内容都应当懒加载，也就是说，只在需要时才加载。

懒加载并不会让单行代码执行更快，不过也不会增加代码或者使代码更难理解。懒加载的作用就是让你的应用程序更快。作为一个工程人员，你可能很欣赏优雅的算法和聪明的代码，但是对于用户来说，这些都不重要。唯一重要的是能够感觉到性能提升。

有人说：一点点数学计算抵得上大量工程。但我坚持认为，一个聪明的工程人员完全可以模拟大量数学计算。一个相当基本的制造火焰的方法可以模拟粒子引擎中所有代价昂贵的数学计算。我不能冒称发明了这个方法——这个荣誉要归于一个不知名的聪明的三年级学生——不过是我将它命名为“烟与镜子”（Smoke and Mirrors）。

7.3 第 2 代：烟与镜子

“烟与镜子”技术的基本思想很简单。取一张烟的图，通过一个永不休止的无限循环实现动画。对于每一个火焰都用一缕烟遮盖。在最下面放置一个火焰颜色的半透明膜，背景上动画的“烟”能很好地模拟粒子发射器而无需任何数学运算。

我还是小孩子时，我们都用一种不透水的厚纸和纸巾筒画画。如今我更喜欢 Photoshop，我用它来创建两个图像：

- 一个可以平铺的烟图像（我不是艺术家，不过 Render Clouds 滤镜的效用很不错）；
- 一个羽状图像，用来遮罩烟图像从而形成单独的火焰。

在 Mac 上，Core Animation 为 `CALayer` 类提供了一个 `mask` 属性，可以很容易地建立遮罩，不过这个属性对 iPhone 不可用。使用 2D 绘制 API 也可以完成 Alpha 遮罩，这也称为 Core Graphics 或 Quartz 2D。增加动画很简单，只需创建一个 `NSTimer` 实例，让它每 1/30 秒调用一次视图的 `drawRect:` 方法，这里假设你需要 30fps 的标准帧速率。

调用 `drawRect:` 时，只需要一点点有趣的数学运算就可以把时间转换为烟的位置，然后可以完成遮罩和绘制。从截屏图看来效果不错，如图 7-3 所示。不过速度也与截屏相差无几。并不是 30fps，iPhone 几乎连 2fps 都达不到。

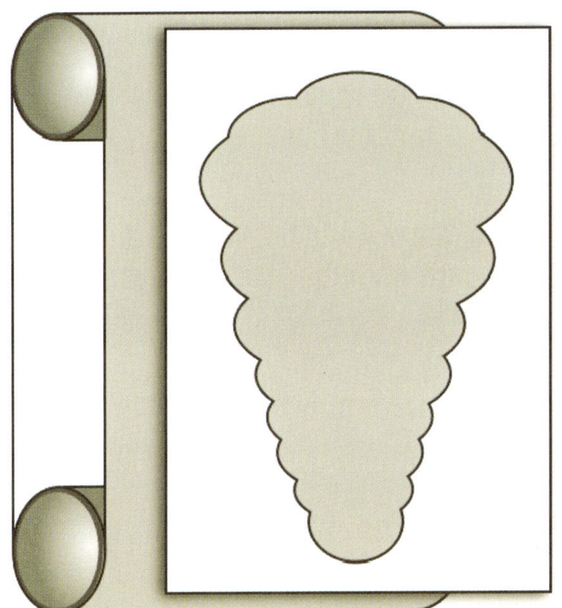
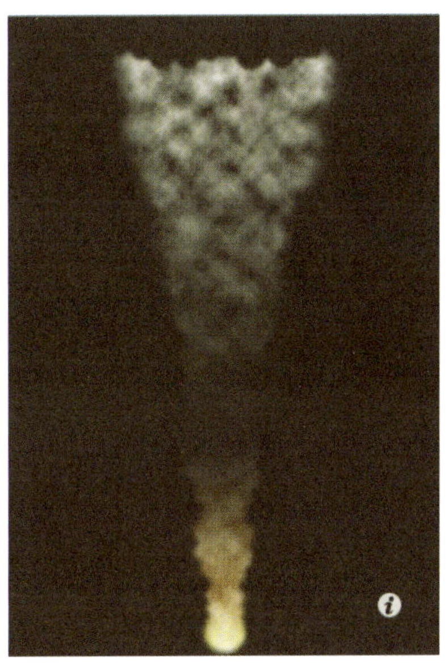

图 7-3　理论和实际的“烟和镜子”

在 iPhone 上绘制时，有两条经验规则：

- Alpha 混合（Alpha compositing）开销非常大；
- Core Animation 比定制的绘制代码更为高效。

以上第一次尝试违反了这两条规则，得到的代码速度极慢，让人无法接受。

不过我们并没有失去希望。可以把动画转回为使用 Core Animation，而遮罩仍采用 Core Graphics。如果应用 alpha 遮罩需要大约半秒时间，这比绘制烟图层所需的速度慢 15 倍。另一方面，背景永远不变。

通过在背景上挖洞，而不是对烟应用遮罩，可以减少遮罩操作，并把完成帧混合的具体工作留给 Core Animation，如代码清单 7-1 所示。

代码清单 7-1 使用 Alpha 遮罩在背景挖洞

```
UIGraphicsBeginImageContext(self.bounds.size);
CGContextRef context = UIGraphicsGetCurrentContext();
UIImage *mask = [UIImage imageNamed:@"plume.png"];
CGContextClipToMask(context, background.frame, mask.CGImage);
[[UIImage imageNamed:@"BoardBackground.png"] drawAtPoint:CGPointZero
    blendMode:kCGBlendModeNormal alpha:1.0];

[self setBackgroundImage:UIGraphicsGetImageFromCurrentImageContext()];
UIGraphicsEndImageContext();
```

实验证实，这确实相当快。半秒的遮罩操作使火焰的改变有所迟缓，不过具体效果相当不错。

不过请等一等，还存在一个问题，这里是指烟（本应当在前景上）现在必须在背景后面完成动画。实际上这一点无关紧要。这是 2D 绘制，只要你足够仔细，不要给出任何矛盾的深度提示，尽管烟在背景后面，但从理论上讲并不重要。

计算机常常有一些意料之外的表现，即使是具体编程人员也不是很明白。优化方面尤其如此。人们总是不能清楚地知道是什么导致计算机速度很慢，以至于会做一些笨拙的尝试希望能够进行优化。最好情况下，这些优化可能不起任何作用；最坏情况下，则会让计算机运行更慢。

7.4 过早优化

关于优化存在两种观点，看起来二者相持不下。强调经验的人建议，应当以他们在芝加哥投票选出的方式优化代码：要尽早、尽可能经常地优化。另一方面，杰出的计算机科学家 Donald Knuth 曾经写道，“我们应当忘掉那些微弱的效率提升，大约 97% 的情况下都可以说：过早优化是万恶之源。”

矛盾很明显，为了澄清这个矛盾，先来考虑不同类型的优化以及它们所能提供的效率，这很有帮助。

7.4.1 构建效率

编写同样的程序有多种方法；同样的，对于一个编译器来说，将代码转换为机器语言也有多种方式。由于这依赖于硬件，编译器可以充分利用特定优化，而不必增加对应用代码的依赖性。

构建时优化的好处是：这基本上是免费的。Apple 的 Xcode 开发环境中，构建设置包括很多优化，其中最突出的是编译器优化级别，如图 7-4 所示。其设置范围从无优化（–O0）到完全优化（–O3）。还有一个选项对内存使用进行优化（–Os），在大多数情况下这是最佳的选择。

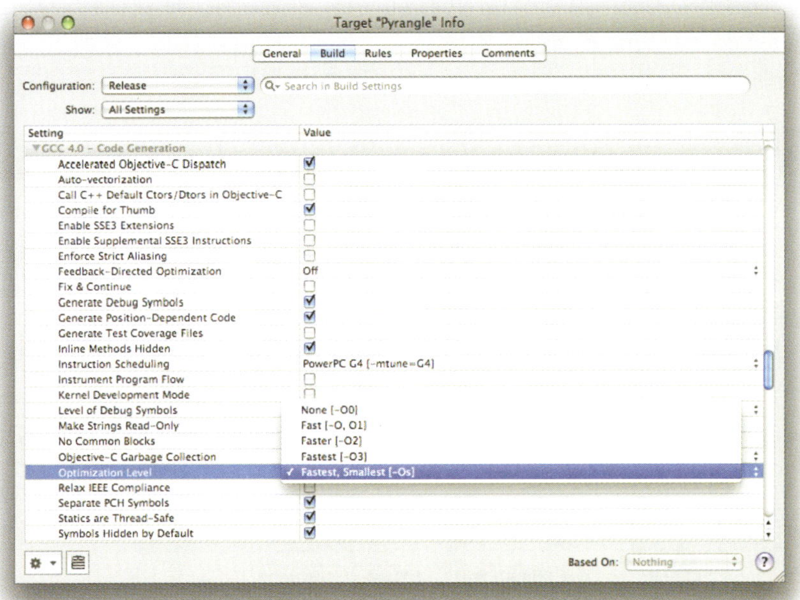

图 7-4　在 Xcode 的目标检查器中设置优化级别

使用编译器优化确实也有一些小缺点。

- 它完全破坏了在调试工具中单步跟踪的能力。优化的代码并不是按顺序执行你的指令，而会到处跳转。
- 这会增加构建时间。对于 iPhone 应用程序来说这不算大问题，因为构建系统通常比目标硬件快得多。对于较大的应用程序，这可能就会成为问题。编译时间增加一分钟看起来并无大碍，但它会积累起来。如果每天构建 60 次（这完全有可能），那么你就会浪费一个小时。

这些问题可以通过使用更敏捷的构建来改善。使用不同的构建配置在调试时禁用优化，这样能保证构建速度很快，而且能保证执行顺序是可以预知的。缓存构建产品也可以改善构建时间。要尽可能地避免从头构建，从而避免更长的构建时间。

构建时优化可能与你自己的优化工作很难配合。在两个不同优化级别上构建的应用程序是两个不同的应用程序。优化错误的应用程序会导致误导的结果。另外，发布构建除了优化之外往往还会做一些其他事情，如去除查找代码瓶颈所需要的调试符号。

对此的解决办法是为优化创建一个单独的构建配置。可以在 Xcode 中打开 Project Info 面板，选择 Configurations 标签页，复制 Debug 配置，将这个新配置命名为 Optimize，如图 7-5 所示。编辑这个新配置，将优化打开。这样将增加符号，但是不能恢复代码的单步跟踪，所以你可能需要在调试和优化配置之间切换才能保证完全达到目的。

编译器优化存在安全性问题，不过这些问题相对较小。由于这种优化会使代码过于追求“捷径”，可能会暴露 bug 并招致破坏。如果依赖于不确定的语言技巧，这种过于“巧妙”的代码尤其容易遭到破坏。最好是尽可能修正 bug 而不是禁用优化。

编译器设置和其他构建时优化并不是过早优化。不过，它们还受制于另一个优化规则：绝对不要假设。每个应用程序都不同，而且编译器标志的不同组合会得到不同的结果。如果没有真实的数据来支持结论，绝对不要主观假设某个配置是最优的。

例如，对于 iPhone，使用 Compile for Thumb 设置构建应用程序通常会得到更小、更快的代码。Thumb 是面向 ARM 处理器的一个指令子集，适用于 16 位而不是通常的 32 位。不过，如果应用程序中有大量浮点数操作，采用 Thumb 设置时实际上可能速度更慢。在宣布认可某种选择之前，最好先运行一些计时测试。正如谚语所云，“除了上帝可以相信，其他都要有真凭实据”。在了解性能的基础上完成代码级优化时，这一点体现得尤其淋漓尽致。代码级优化几乎都是过早优化。

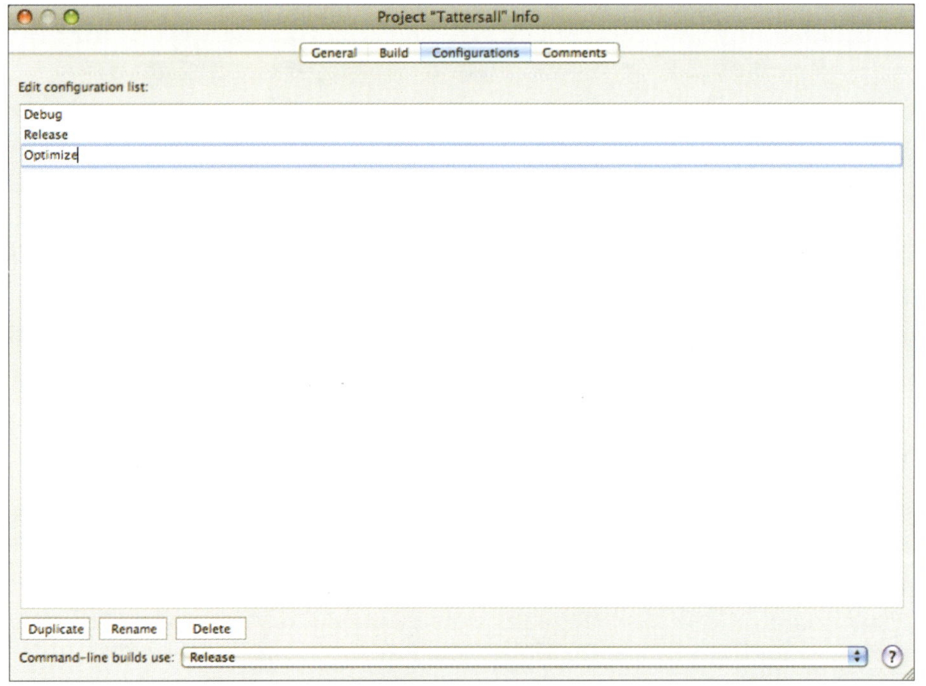

图 7-5 在 Xcode 的 Project Info 面板中创建一个 Optimize 配置

7.4.2 代码效率

每个代码块需要的执行时间各不相同。就像超市里的商品一样，一个 API 中的各个方法都有其各自的开销，这些小的差别会累加起来。超市里选择各个商品时要比较价格，不过这种比较价格的策略并不适用于代码。购物车中可能包含数十种商品，与之不同，一个应用程序可能包含成千上万行代码。如果逐个地手动挑选每一行代码，这会花费太长时间。

正如不同商店的商品价格会有所不同，在不同平台上一个方法的开销也会有变化。如果基于体系结构的技巧做出代码级决策，这就像是因为一个商店在打折促销而推荐某个品牌一样。这也同样很容易成为“废品”而过时。

例如，在 Objective-C 中，进入一个 `try` 块与抛出一个异常相比，开销往往更为昂贵。你可能会根据这个知识做出代码级决策，但是这是有风险的。实现细节并不能保证，所以依赖于这个前提的代码很容易出问题。在 64 位的 Objective-C 中，现在抛出异常反而比进入 `try` 块更昂贵。

更糟糕的是，这种优化很可能并不会对应用程序的性能带来任何差别。一个应用程序的速度只由其最慢的部分决定，甚至极其简单的应用程序也会由繁多的小部分组成，其数量之多往往令人难以置信。随机地减少百亿分之一秒就像是杯水车薪。你往往并不能达到改善性能的目的，反而更有可能遇到麻烦。

不要过分关心每一行代码的效率，而应考虑你自己的效率。只是增加了应用程序的代码复杂性而没有使它运行得更快，那就是浪费时间。更高效的做法是，将 100% 的代码都编写得可读、合理而且简洁，然后再回过头来对其中确实很慢的 3% 的代码提速。

有些代码不必编写，不写这些代码绝对有好处。这样不会导致 bug，也不会阻碍增加特性。无需以后花时间来读懂这些代码，而且不需要维护。既然没有写这些代码，自然不会因操作系统更新而受到破坏，也从不会过时。

要保证代码基快速、短小而且能够经受未来的考验，最好的办法是使用开发商提供的框架。这些框架代码由平台专家编写，相对于你我来说，他们是更好的工程人员。让他们来处理那些特定于硬件的优化。你不仅不需要担心代码受到破坏，而且将来还能免费得到性能升级。

Core Animation 在 2006 年 Apple 全球开发者大会上一露面，我们在早期 Delicious Library 2 中费力编写的数千行动画代码就顿时过时。尽管我们当时的代码无疑要优于 Apple 所展示的代码，但是我们的老板 Wil Shipley 确实深谋远虑，没有让我们因为傲慢而一意孤行。我们忍痛放弃了自己的代码，接下来的一年都用来帮助 Apple 找出这个新框架中的 bug，使用 Apple 的 Bug Reporter（也称为 RadarWeb）填写相应报告。

我们的工作终于在接下来的一年取得了回报，如图 7-6 所示。Delicious Library 2 赢得了最佳 Leopard 应用程序的 Apple 设计大奖。Steve Jobs 发布主题演讲的几天之后，Apple 在同一个讲台上演示了我们的应用。加载这个应用程序时，看上去非常像新版本（它显示出了描图的木纹书架）。然后，样例库以一种华丽的淡入动画呈现，当时整个房间都为之瞠目结舌。最有意思的是，我们也同样有些目瞪口呆。之前我们也从未见过这样的效果，因为那并不是我们做的。我们只是使用了 Core Animation 框架，而让大家如此震撼的美丽淡入只是 Apple 给我们的礼物。

图 7-6　Delicious Monster 团队，左起：Lucas Newman、Wil Shipley 和 Mike Lee

7.4.3　算法效率

尽管单行代码通常无关大碍，但这些代码行以何种顺序出现往往很重要。代码实现的算法的效率对代码的性能有至关重要的影响。

我原先喜欢做代码级优化，在改正这个坏习惯之前，我编写过一个直接的数组比较代码，其中基于这样一个假设：比较数组之前对数组排序会花费更长时间。也可以对这个假设做一个测试，分别采用这两种方式编写代码再测量它们的时间，不过根据基本算法的效率进行分析会更加高效。

有序数组可以在 $O(n \log n)$ 的时间内完成比较，而未排序的方案所需时间是 $O(n^2)$。这说明，如果数组分别包含 10 000 个元素，直接算法需要 100 000 000 个操作，而有序算法需要 133 000 个操作。如果有 1 百万个元素，较好的算法要完成 8 千万个操作，直接算法则需要 1 000 000 000 000 000 个操作，而在此过程中你的计算机将难以招架。

具体来看，如果每秒完成 10 亿个操作，这就是 80 毫秒与大约 17 分钟的比较（针对同样的工作）。另一方面，如果数组分别只有 100 个元素，那么差别只有 7 微秒。这根本不值得增加额外的代码。

算法优化是平台无关的，而且一般都是不错的想法，不过这里同样适用以上规则。你要注意一些信号，它们可能意味着算法很昂贵，比如嵌套循环。但是，如果并不知道一个算法速度慢，就不要花费太多时间来优化它。

很多优化会在不同类型的效率之间做出折中，特别是时间与空间。缓存就是一个很好的例子，要节省缓存时间，有时需要使用空间来让缓存内容保留在内存中。达到某一点时，空间效率本身就会成问题。内存紧张正是导致 iPhone 崩溃的主要原因。

对于性能评测来说尤其如此。将文件与应用程序打包会比通过网络下载快得多。但是，如果应用程序太大，初始的下载时间就会变得让人无法接受。

如果你的应用程序要通过 App Store 发布，而它超出了一定的大小限制，就只能通过宽带和更快的 3G 网下载。第一代 iPhone 或 3G 以外的客户仍然坚持使用较慢的 EDGE 网络，因此无法直接用电话购买你的应用程序。因此，你必须注意这个限制。举个例子，Tapulous 的 Tap Tap Revenge 游戏中打包的音频文件在大小方面就得到了精心的优化，从而保证整个包大小在当时的 10MB 限制以内。

大小限制可能很明确，不过要找到最关键的问题还需要做一些搜寻工作。Apple 为 Xcode 提供了一个配套工具来提供帮助，它以自然界最无情的猎手“鲨鱼”（Shark）命名。

7.5 第 3 代：鲨鱼出动

单靠人或机器是无法完成优化的。一方面需要利用 Shark 清晰的逻辑来了解一个应用程序为什么这么慢，另一方面还要靠人类天生的直觉来明确如何解决这个问题。每种情况都是独一无二的，而且经常出人意料。火焰效果的优化也不例外。

在 iPhone 应用程序上运行 Shark 有点困难。没有必要尝试在模拟器中优化。一般地，总是希望优化环境尽可能接近于部署环境，这意味着要打开编译器优化，并且将二进制版本复制到设备上。这样一来，就会使优化构建时间比正常开发工作流程所需时间长很多。

并非利用 Xcode 在 Shark 中启动应用程序，而且应遵循以下步骤。

(1) 在 Xcode 中，将配置设置为“优化和设备”（Optimize and Device）。

(2) 在一个有数据共享功能的 iPhone 上构建并运行应用程序。

(3) 从 /Developer/Applications/Performance Tools/ 启动 Shark。

(4) 在 Shark 中，启用远程性能测试，为此从 Sampling（采样）菜单选择 Network/iPhone Profiling（网络 /iPhone 性能测试）。这会将 Network/iPhone Profiling 面板增加到 Shark 的主窗口，如图 7-7 所示。

(5) 从 Network/iPhone Profiling 面板选择 Control network profiling of shared computers（控制共享计算机的网络性能测试）。如果你的设备未列在其中，点击 Refresh（刷新）按钮（左下角

带一个半圆箭头的按钮）。

(6) 从 Target（目标）列选择应用程序名。

(7) 在 Config（配置）列选择希望采用的性能测试类型。

(8) 点击 Start（开始）按钮。

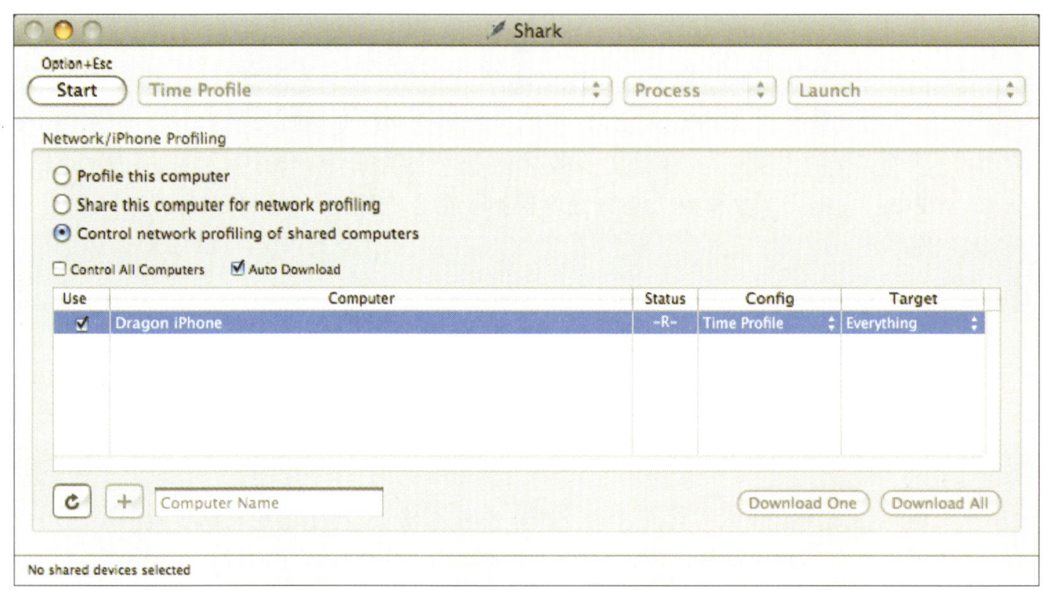

图 7-7 使用 Shark 在一个 iPhone 上远程采样

Shark 依赖于远程设备来完成大量处理，所以要保证你的采样尽可能小。点击 Stop（停止）按钮后，即使最小的采样也可能花费 1 到 2 分钟才能处理并加载到 Shark 中。

Shark 的做法是轮询应用程序来查看它在做什么。程序完成一个任务花费的时间越多，轮询期间这个任务出现的次数就越多。Shark 会按相对百分数来描述每个任务花费的时间。

要解释 Shark 的结果，这本身就需要一本书才能讲清楚。很幸运，已经有人写了这样的书。Shark 的文档很不错，而且包含在 Xcode 的内置文档系统中。可以进入文档系统，阅读 Shark 的“Windowed Time Facility”模式的有关内容，这是一种很好的方法，可以保证 iPhone 采样不至于过大。

在这里，Shark 清楚地指出了速度主要耽搁在哪里。我把大部分图形时间都用于绘制图像来建立遮罩，如图 7-8 所示。这里再次体现出 iPhone 上 Quartz 2D 的第一条规则：alpha 混合开销很昂贵。对此你并不能做过多处理——这是它本应有的开销。不过，你也可以从绘制 API 止步，看看有没有更好的方法，在这种情况下，最好保持冷静。

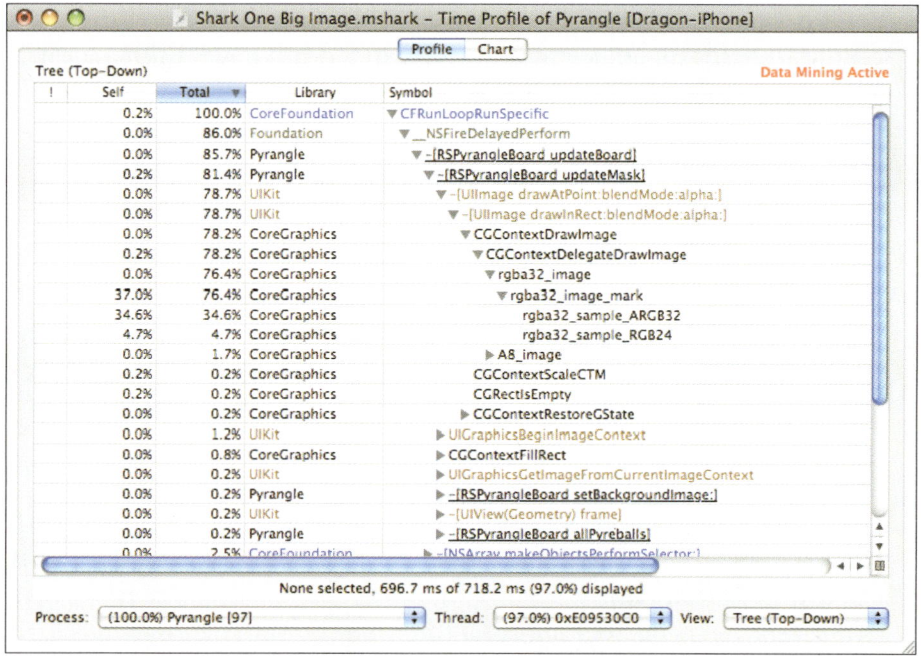

图 7-8 Shark 找出占用了所有处理时间的代码行

7.6 保持冷静

很多高层框架都建立在一个低层框架之上，至少从概念上讲是如此。这些框架之间的差别就像是美元与美分之间的差别，或者也可以认为是钞票与硬币间的差别。硬币可以表示特定的数目，如 99 美分，不过对于数额较大的交易来说实用性不大。大多数情况下，你主要使用纸币，并用一点硬币来填补空缺。高层和低层框架也是如此。大多数情况下，最好保持采用高层框架，因为这样事情会更快、更简单，而且需要的代码更少。必要时（而且在 Shark 的协助下），可以使用低层框架来填补空缺。

iPhone 有两个图形 API：Quartz 和 OpenGL ES（Open Graphics Language for Embedded Systems，面向嵌入式系统的 OpenGL）。大多数应用程序都使用内置 Quartz 框架，在 iPhone 上它包含 Quartz 2D 绘制库（也称为 Core Graphics），以及 2.5D 基于图层的 Core Animation 库。正是 Quartz 使得 Mac OS X 应用程序美观而大方，而很少有或者甚至没有图形代码。

Quartz 得到了很好的优化，可以高效地完成大多数应用程序中常见的操作，为此只需很少的编程工作。Quartz 基于 PDF（Portable Document Format，可移动文档格式），这使得图形编程就像是建立一个页面。这种抽象对于大多数应用程序来说都很适用，不过对于另外一些应用程序则有些笨拙。游戏就是一个明显的例子。开发人员如果需要 3D 图形、对性能要求很高的优化，或者可移植的代码，就会转向 OpenGL ES。

OpenGL ES 是 OpenGL 接口规范的一个轻量级实现。OpenGL 没有使用出版行业的隐喻（publishing metaphor），而使用了图形硬件隐喻。用顶点、三角形和纹素编程更为灵活，不过也更为复杂。这就像是在告诉操作系统只是把图形硬件转交给你一段时间。

OpenGL 是一个软件抽象，这是一种硬件无关的语言。类似于 C，OpenGL 允许你按其自己的方式处理硬件，而不用求助于特定于设备的汇编语言。这说明，通过精心编程，你可以让硬件只做你想做的事情，而不必做其他事情。

OpenGL 的性能并非一定优于 Quartz。如果认为使用 OpenGL 可以毫无代价地得到性能提升，那就错了。OpenGL 只是有可能得到更好的性能。真正要得到更好的性能，还需要大量的优化工作。OpenGL 更难编写，更难调试，而且更难维护，所以 OpenGL 程序员的开价往往极高。

我的经验是至少使用 Quartz 得到一个可运行的演示版本。如果从性能角度要求转向 OpenGL，可以将转向 OpenGL 的工作与游戏测试并行完成。

可以举一个真实的例子，Tap Tap Revenge 2 看起来比原来的 Tap Tap Revenge 好很多，因为图形工作已经移植到 OpenGL。但另一方面，如果从一开始就使用 OpenGL，则有可能无法在 App Store 启动之前按时完成这个游戏。

不必要地使用低级 API 编程是过早优化的一个极其常见的例子。很多人看到 Shark 中给出了不好的结论就过早地放弃。不要低估不同框架之间时间和复杂性的差别。做一点巧妙的试验通常很有必要。

7.7 第 4 代：更巧妙的优化

由于需要得到火焰效果，我花了一周时间将图形移植到 OpenGL。我发现 Quartz 中很小的一个改变就会让我的大部分工作作废，由此意识到选择 OpenGL 太过草率了。只需不到一天的时间就可以完成 Quartz 代码的优化。浪费一天的时间总好过浪费一周。

对于 Shark 给出的结论，我重新考虑了自己对此做出的评价。我认为利用 alpha 混合绘制图像速度很慢这个事实是无法避开的。有时，花费一周时间处理 OpenGL 只是从一个不同的角度查看这个问题。

对于 GPU 来说，图像只是描述各个像素颜色的一个数值数组。图像重叠时，GPU 只绘制上面的一个图像，而 alpha 混合则需要对每一个像素完成数学运算。要想加速，唯一的方法就是减少混合的像素个数。

遮罩图像只有 220 像素宽，但出于方便我对它进行了填充，从而其屏幕宽度达到了 320 像素。如果 Knuth 的说法是正确的，那么所有方便性都是有代价的，即有 3% 的可能性会变得过慢。如果必须返回再重做会很不方便，不过你只需完成一次。只要能够增加代码可读性，这种方便性就会得到数倍的回报。

对于这里的情况，填充 100 个像素看起来不是一个大问题，不过高度为 480 像素时，每次绘制图像时这个填充都会增加 48 000 个不必要的混合操作。消除填充会使绘制图像在每个运行循环中所占比例从 78.7% 下降到 53.8%，如图 7-9 所示。

Shark One Small Image 2.mshark - Time Profile of Pyrangle [Dragon-iPhone]

Profile Chart

Tree (Top-Down) Data Mining Active

!	Self	Total	Library	Symbol
	0.0%	100.0%	CoreFoundation	▼CFRunLoopRunSpecific
	0.0%	73.7%	Foundation	▼__NSFireTimer
	0.0%	72.8%	Pyrangle	▼-[RSPyrebund descend:]
	0.0%	68.2%	Pyrangle	▼-[RSPyrangleBoard endTurn]
	0.0%	67.2%	Pyrangle	▼-[RSPyrangleBoard updateBoard]
	0.0%	59.5%	Pyrangle	▼-[RSPyrangleBoard updateMask]
	0.0%	53.8%	UIKit	▼-[UIImage drawAtPoint:blendMode:alpha:]
	0.0%	53.8%	UIKit	▼-[UIImage drawInRect:blendMode:alpha:]
	0.0%	53.8%	CoreGraphics	▼CGContextDrawImage
	0.3%	53.8%	CoreGraphics	▼CGContextDelegateDrawImage
	0.0%	47.7%	CoreGraphics	▼rgba32_image
	21.0%	47.7%	CoreGraphics	▼rgba32_image_mark
	15.9%	15.9%	CoreGraphics	rgba32_sample_ARGB32
	10.8%	10.8%	CoreGraphics	rgba32_sample_RGB24
	0.0%	5.4%	CoreGraphics	▶A8_image
	0.3%	0.3%	CoreGraphics	zone_calloc
	0.0%	3.5%	UIKit	▶UIGraphicsBeginImageContext
	0.0%	1.3%	CoreGraphics	▶CGContextFillRect
	0.0%	0.3%	UIKit	▶UIGraphicsGetImageFromCurrentImageContext
	0.3%	0.3%	UIKit	+[UIColor blackColor]
	0.0%	0.3%	Pyrangle	▶-[RSPyrangleBoard allPyreballs]
	0.0%	4.8%	CoreFoundation	▶-[NSArray makeObjectsPerformSelector:]
	0.0%	2.6%	Pyrangle	▶-[RSPyrangleBoard clearRows]

None selected, 332.6 ms of 341.3 ms (97.5%) displayed

Process: (100.0%) Pyrangle [289] Thread: (97.5%) 0xE0951450 View: Tree (Top-Down)

图 7-9 第二次运行 Shark 显示出优化的有效程度

这是一个显著的改进，不过还是要花费一半的运行循环来绘制同一个图像。如果无法更快地绘制，也许可以减少绘制次数，下一节将介绍有关内容。

如果优化确实使运行更慢，请不要奇怪。要找出这是为什么，除了可以从中得到教训，通常还可以发现原代码中不易察觉的 bug。为此需要找到一个度量标准，从而能够得出 Shark 结果的含义——在这里，这个度量标准就是慢方法被调用的次数。可以采用多种方法得到这个度量值。Apple 的 Instruments 工具就可以做到，另外利用这个工具所基于的 Dtrace 性能测试技术也可以得到。还可以在调试工具中设置断点，来完成统计、记录日志以及继续运行，利用这种方法也可以得到这个度量值。如果必要，利用几个静态整数和 NSLog 就可以达到目的。不过，对于日志记录要当心，因为太多 NSLog 调用本身会带来性能问题。

7.8 特定于应用程序的优化

资源有限这一基本原则可以解释为什么低层实现往往比高层实现速度更快。高层框架必须保证在多种情况下可以重用，这说明它们必须是灵活的。这种灵活性的原因就在于与其他方面共享同样的资源池。

定制代码则是舍弃灵活性换取性能。正是因为缺少灵活性，所以定制代码更容易崩溃。正常情况下，健壮性比性能更重要，不过如果确实要强调性能，则应采用更为特定的方式。

定制的绘制代码很常见，因为绘制是所要完成的最为昂贵的一种操作。只要能避免不必要的绘制，增加多少数学运算都是值得的。这个具体实现细节短期内不太可能改变，所以最好充分利用应用程序特定的知识。

第一步是找出冗余的帧，这些帧会重新绘制同样的东西。在这里，火焰总在一个网格里，这可以用一个 2D 数组表示。可以通过比较数组对帧进行比较，并消除整个遮罩生成过程以及相应的绘制。

下一步是减少生成遮罩所需的绘制操作。为此要检测模式并完成预渲染，如代码清单 7-2 所示。

代码清单 7-2　使用模式检测减少绘制操作

```
// 火焰是一个用 NSNotFound 初始化的 20 个元素的数组
for (NSUInteger fireIndex = 0; fireIndex < kNumberOfColumns; fireIndex++) {
    if (fires[fireIndex] == NSNotFound) continue;

    CGPoint firePoint = [self locationOfFireAtIndex:fireIndex];
    UIImage fireImage = nil;

    if (fires[fireIndex] == fires[fireIndex + 2] &&
        fires[fireIndex + 1] - fires[fireIndex] == 2) {
        fireImage = [UIImage imageNamed:@"plume-up.png"];
        fireIndex += 2;
    } else if (fires[fireIndex] == fires[fireIndex + 2] &&
        fires[fireIndex] - fires[fireIndex + 1] == 2) {
        fireImage = [UIImage imageNamed:@"plume-down.png"];
        fireIndex += 2;
    } else fireImage = [UIImage imageNamed:@"plume-one.png"];

    [fireImage drawAtPoint:firePoint blendMode:kCGBlendModeDestinationOut
        alpha:0.7];
}
```

可以编写一些巧妙的代码自动检测新模式、创建新的遮罩，并根据需要进行存储和获取。我采用常见模式建立了一些图像，并把它们增加到了包中。这些图像使包的大小增加了 88KB，而每次更新时的绘制次数减少了三分之二。整个过程如图 7-10 所示。

每一帧中没有必要将一个像素设置多次。可以通过计算哪些图像将被另一个图像所覆盖来避免这一点，如代码清单 7-3 所示。在这种情况下，每一列只是最高的火焰才可见。这里没有使用真正的 2D 数组，fires 只是一个简单的数组，其中包含每一列最高火焰所在的行。

图 7-10 使用模式匹配和多羽状遮罩

代码清单 7-3 查找各行最高火焰的一行简单方法

```
NSArray *allPieces = self.allPieces;
for (RSPiece *piece in allPieces)
    if (piece.kind == RSPieceFireKind)
        fires[piece.coordinates.column] = piece.coordinates.row;
```

如果幸运，在优化变得过于深奥之前，你也有可能得到可以接受的性能。下面再来深入讨论一个问题：帧间压缩，如代码清单 7-4 所示。正常情况下，开始更新时首先填充帧，并重置画布。不过，如果更新只是增加火焰，就没有必要擦除现有的火焰（因为还会再次绘制）。

代码清单 7-4 消除帧之间冗余的绘制操作

```
// oldFires 和 newFires 是用 NSNotFound 初始化的 20 个元素的数组
static BOOL clearContext = YES;

memcpy(newFires, fires, sizeof(fires));
for (NSUInteger fireIndex = 0; fireIndex < 20; fireIndex++) {
       if (newFires[fireIndex] == oldFires[fireIndex]) {
        newFires[fireIndex] = NSNotFound; // 避免重绘
        continue;
       }

       if (oldFires[fireIndex] == NSNotFound) {
        oldFires[fireIndex] = newFires[fireIndex]; // 记录新绘制
        continue;
       }
       memcpy(newFires, fires, sizeof(fires));
       clearContext = YES;
       break;
}

static UIImage *mask = nil;
if (clearContext) {
       [[UIColor blackColor] setFill];
       CGContextFillRect(context, self.bounds);
```

```
        clearContext = NO;
} else [mask drawAtPoint:CGPointZero];

memcpy(fires, newFires, sizeof(fires));
```

所有这些代码对于处理器来说确实意味着很多工作，不过与绘制相比则要少得多。这些优化会使绘制下降到运行循环的 33.4%，如图 7-11 所示。随着火焰个数的增加，这些优化会使性能有更大改善。帧内压缩可以用一个操作绘制 3 个火焰，不过如果用帧间压缩增加 3 个火焰，现在只需要一个额外操作（而不是 6 个）。

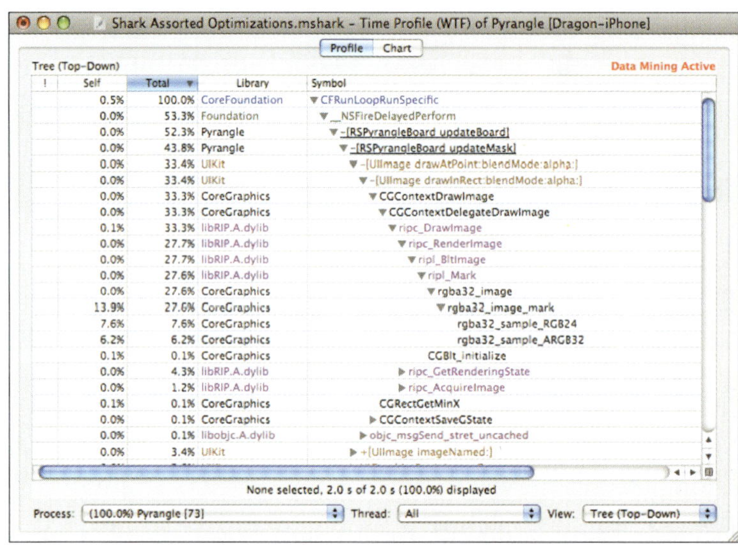

图 7-11 这些简单的优化可以显著改善绘制性能

7.9 小结

工程人员总是对结局心存恐惧。现代软件的复杂性和交付最后期限的现实性意味着大多数应用程序实际上都不会真正完成。总是会有新的 bug 要修正，还有另一个特性需要增加，或者还需要再寻求一个巧妙的优化。

通过以上介绍，我并不是想要给出某种优化的特定细节，而是希望你了解每一轮优化的统一模式。不论你的下一个项目有 4 代或是 40 代，也不论你使用 iPhone 还是其他平台，最佳的优化策略总是一样的。

首先要保证代码的可读性并保证易于实现，然后再对确实慢的部分进行优化。绝对不要假设你知道哪一部分慢或者为什么慢。要通过试验来检测你的直觉是否正确，一定要靠 Shark 性能测试和性能度量这样的真实数据说话。

祝你找到最好的优化方案！

Richard Zito 和Matthew Aitken

所在公司：Swipe Interactive

位置：英国

开发经历：从事有关 iPhone 的工作之前，我们的工作主要集中在网页设计、开发和托管方面。这表明，我们曾经使用过大量平台，主要致力于基于 LAMP 的系统和语言。在游戏方面，我们开发了多个基于网页的智力游戏，还有一些 Flash/ActionScript 游戏。

IPhone 开发经历：合作创立 Swipe Interactive 后，我们现在着力开发面向 iPhone 的高端应用程序，主要关心 iPhone 作为一个游戏平台所固有的网络化多人游戏能力。目前，我们在 App Store 中有两个游戏，还有其他更多应用程序正在开发中。

- Quick Draw（拼词游戏类）
- Pole2Pole（平凡游戏类）

本章内容：这一章将介绍充分利用 iPhone 固有互连性的最佳方法，涵盖了如何与服务器通信以及如何使用 Bonjour 在 Wi-Fi 网络上管理服务。为了说明有关概念，我们将逐步开发一个可以在 Wi-Fi 网络上玩的多玩家“井字”（tic-tac-toe）游戏。

关键技术：

- Bonjour 网络技术
- Socket 编程
- HTTP 请求

Quick Draw（拼词游戏类）

Pole2Pole（平凡游戏类）

第8章

网络化游戏：正确地选择

我最早开始考虑在iPhone平台上开发应用程序时，清楚地认识到，很少有开发人员充分利用了每一个设备都通过网络相互连接这一特点。对我来说，这个固有的互连性意味着一点：多人游戏。另外，移动设备的特殊性表明它们非常适合休闲型游戏，这对于任何玩过游戏的用户都很有吸引力，他们可以拿起iPhone玩一小会儿时间，然后放下，下次再玩，并如此反复。基于这些原则，我与他人共同创立了Swipe Interactive，并着手开发和发布了两个基于多玩家的iPhone游戏，另外还有几个游戏正在开发中。

其中，第一个游戏是Quick Draw（这也是Swipe Interactive发布的第一款iPhone游戏）。在这个游戏中，玩家要努力根据另一个玩家画出的草图来识别单词，并根据他们正确认出单词的快慢速度比点数。我从Quick Draw中学到了很多，并继续开发了第二个应用程序——Pole2Pole，这个游戏基于这样一个概念：玩家要与其他在线用户比赛，看谁能够尽可能准确地在地图上找到某个位置。在Pole2Pole中，我们还增加了一个功能，从而使用户可以在局域网上玩这个游戏。另外，用户还可以利用iPhone的手势放大缩小屏幕。

图 8-1 显示了实际运行的 Pole2Pole 的一个截屏图。

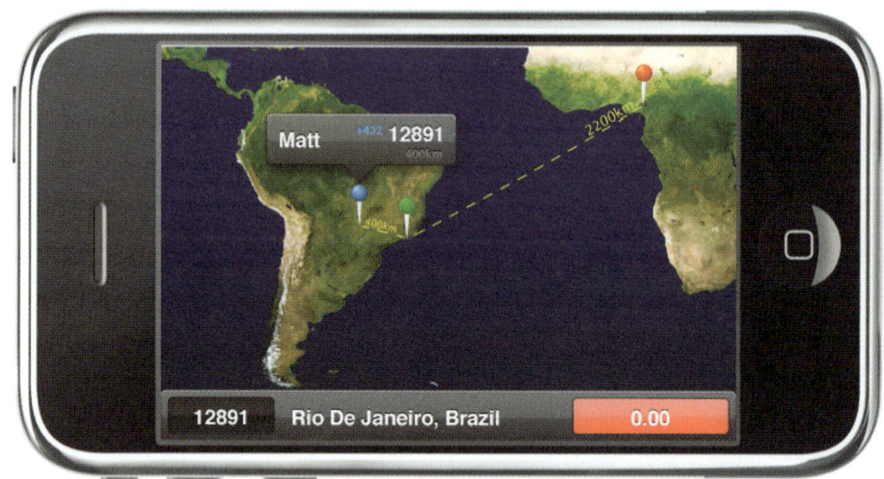

图 8-1　Swipe Interactive 的第二个 iPhone 游戏——Pole2Pole

读完这一章后，你将了解如何使用 iPhone 的网络化功能来开发自己的多人游戏（iPhone 的网络化功能正是 Swipe Interactive 至今为止开发游戏的基础）。我会指导你完成一些相对简单的任务，如让 iPhone 与服务器异步通信来发送和接收数据，另外还会完成一些更复杂的应用程序，如如何使用 Apple Bonjour 服务使一个设备与另一个设备直接通信。

图 8-2　Swipe Interactive 第一个 iPhone 游戏 Quick Draw 的登录屏幕

8.1　多人游戏网络化选择

开始开发 Quick Draw 时，我的目标是构建一个能够让世界各地的玩家都能一起玩的应用程序（不论他们以何种方式连接，可以通过无线、3G，或者甚至是速度较慢的移动网络连接）。图 8-2 显示了加入 Quick Draw 网络的登录屏幕。因此首要问题就是实现一个底层的设备间通信系统，可以通过这个通信系统在设备之间快速而可靠地发送消息。我们尝试了多种不同的方法来达到这个目的，这一节将讨论其中最重要的方法。

8.1.1　通信是关键

这里介绍的大多数方法都涉及一个服务器，各个设备必须通过服务器通信来传送或获取它们需要的信息，如图 8-3 所示。这说明，为了利用这些通信方法开发一个游戏，你还需要了解如何让服务器处理你发送的信息。这有很多途径，你可以编写能够通过网页服务器访问的简单脚本来处理，也可以运行一个更复杂的游戏服务器（稍后将讨论这个思想）。在这一章中，我将介绍如何使用一个简单的基于 PHP 脚本的 HTTP GET 方法实现，以此展示与服务器的通信，不过对于此类问题当然还有很多解决方案。选择哪一个方法取决于你的编程背景和个人喜好。

图 8-3 Quick Draw 中设备间的所有消息都通过一个多用户服务器传输

1. URL 请求

为了从 iPhone 通过网络与服务器通信，我首先尝试的做法是使用简单的 NSString 方法 initWithContentsOfURL: 从一个 URL 加载信息。例如，代码清单 8-1 显示了从一个 URL 加载和更新分数的简单过程。

代码清单 8-1　从一个 URL 同步加载数据

```
-(NSInteger)retrieveScoreForUser:(NSString *)usr {

  NSString *urlStr = [NSString stringWithFormat:
                      @"%@/score.php?u=%@",server,usr];
  NSURL *scoreURL = [NSURL URLWithString:urlStr];
  NSString *returnStr = [NSString stringWithContentsOfURL:scoreURL];
  // 如果必要，对 returnStr 完成一些验证

  return [returnStr integerValue];

}

-(void)updateScoreForUser:(NSString *)usr withScore:(NSInteger)scr {

  NSString *urlStr = [NSString stringWithFormat:
                      @"%@/updateScore.php?u=%@&s=%i",server,usr,scr];
  NSURL *scoreURL = [NSURL URLWithString:urlStr];
  NSString *returnStr = [NSString stringWithContentsOfURL:scoreURL];

  // 如果必要，对 returnStr 完成一些验证

}
```

在某些情况下，这种向服务器读写数据的方法是可以接受的，不过对于响应式游戏来说则存在本质上的缺陷。NSString 的 stringWithContentsOfURL: 的主要问题是：它会**同步地**加载 URL 的内容，这说明它会阻塞当前程序循环，直到完成加载。显然这并不理想，因为应用程序在 URL 请求期间会停止响应，而 URL 请求本身可能需要一定时间才能完成。

为了支持非阻塞或**异步的** URL 请求，可以使用 NSURLConnection 类方法。使用 NSURLConnection 建立 URL 请求时，具体的请求在后台处理，从而允许其余程序继续运行。得到数据时，或者甚至在请求失败时，会通知一个选定的委托对象处理这个数据。代码清单 8-2 显示了一个方法，其中使用 NSURLConnection 从一个网页获取信息（这里是一个简单的 PHP 页面，score.php）。代码清单 8-3 显示了相关的委托方法。

代码清单 8-2　使用 NSURLConnection 加载网页页面

```
-(void)retrieveScoreForUser:(NSString *)user {

  NSString *urlStr =
    [NSString stringWithFormat:@"%@/score.php?u=%@",server,user];
  NSURL *scoreURL = [NSURL URLWithString:urlStr];
```

```
    NSURLRequest *scoreRequest =
      [NSURLRequest requestWithURL:scoreURL
                cachePolicy:NSURLRequestReloadIgnoringLocalAndRemoteCacheData
                timeoutInterval:10.0];
    theConnection = [[NSURLConnection alloc] initWithRequest:scoreRequest
                                                    delegate:self];
    if (theConnection) {
      theData=[[NSMutableData data] retain];
      // theData 是一个实例变量
    } else {
      // 未能建立连接
    }

}
```

代码清单 8-3 NSURLConnection 的委托方法

```
-(void)connection:(NSURLConnection *)connection
  didReceiveResponse:(NSURLResponse *)response {

  [theData setLength:0];

}

-(void)connection:(NSURLConnection *)con didFailWithError:(NSError *)err {

  NSLog(@'Can't connect - %@", [err localizedFailureReason]);
  [con release];
  [theData release];

}

- (void)connection:(NSURLConnection *)con didReceiveData:(NSData *)data {

  [theData appendData:data];

}

- (void)connectionDidFinishLoading:(NSURLConnection *)connection {

  NSString *responseStr
    = [NSString stringWithFormat:@"%s",[theData mutableBytes]];
  // 如果必要，对 responseStr 完成一些验证

  score = [responseStr integerValue];

  [connection release];
  [theData release];

}
```

相对于使用 NSString 的阻塞式 stringWithContentsOfURL: 方法，NSURLConnection 的非阻塞行为显然是一个改进，对于不需要在设备和服务器之间经常传输信息的游戏来说，这

种方法可以得到不错的结果。不过你会发现，每秒需要传输多个消息时（如 Quick Draw 中需要在设备之间传输的绘制信息），就需要更高效的解决方案。

这就需要引入另一个主题：使用 socket，下一节将讨论有关内容。

2. Socket 连接

可以使用 socket 连接在设备和服务器之间提供一个打开的连接，从而无需每次需要发送或获取信息时都从头创建连接。使用 socket 时，需要有一个远程的打开的 socket，你要连接到这个 socket，它应当关联到一个处理游戏消息的应用程序。为了处理 Swipe Interactive 的 Quick Draw 和 Pole2Pole 中所需的游戏消息，我构建了一个多用户服务器，所以我将在这一章中介绍设备和服务器之间的 socket 连接。从头开发这种服务器可能是一个相当艰巨的任务，这不是本章要讨论的主题。如果你认为自己需要一个多用户服务器，可以在线找到很多关于这个主题的可用资源。

与之前的通信方法相比，在 iPhone 上创建 socket 连接需要更复杂的代码，因此，这一章会提供一些概念和函数，也许查看 iPhone SDK 文档来找出它们的详细解释还不够，你还需要进一步深入研究。不过，做这些额外工作很有好处，你可以很快、很容易地传送游戏消息，从而得到速度更快的游戏。

首先，可以使用 Core Foundation `CFSocket` 类创建与一个已知地址和端口的 socket 连接，如代码清单 8-4 中的 `SocketController` 类所示。

代码清单 8-4　连接一个 Socket

```
#import <netinet/in.h>
#import <sys/socket.h>
#import <arpa/inet.h>

@implementation SocketController

-(CFSocketRef)initSocket {

  CFSocketContext context = {
    .version = 0,
    .info = self,
    .retain = NULL,
    .release = NULL,
    .copyDescription = NULL
  };

  CFSocketRef socket = CFSocketCreate(
    kCFAllocatorDefault,
    PF_INET,
    SOCK_STREAM,
    IPPROTO_TCP,
    kCFSocketDataCallBack^kCFSocketConnectCallBack, // callBackTypes
```

```
    socketCallBack, // 回调函数
    &context
  );

  uint16_t port = 12345;

  struct sockaddr_in addr4;

  memset(&addr4, 0, sizeof(addr4));
  addr4.sin_family = AF_INET;
  addr4.sin_len = sizeof(addr4);
  addr4.sin_port = htons(port);

  const char *ipaddress = "12.34.56.78";

  inet_aton(ipaddress, &addr4.sin_addr);

  NSData *address = [NSData dataWithBytes:&addr4 length:sizeof(addr4)];

  CFSocketConnectToAddress(socket, (CFDataRef)address, -1);

  CFRunLoopSourceRef source;
  source = CFSocketCreateRunLoopSource(NULL, socket, 1);
  CFRunLoopAddSource(CFRunLoopGetCurrent(), source, kCFRunLoopDefaultMode);
  CFRelease(source);

  return socket;

}

@end
```

代码清单 8-4 中的 `initSocket` 方法建立了与一个远程端口（这里使用地址 12.34.56.78 和端口 12345）的 socket 连接，并指定一个回调函数 `socketCallback` 来处理 socket 事件。回调函数的一个重要特性是，你可以选择哪些 socket 事件会导致调用回调函数。可以看到，这里选择出现 `kCFSocketDataCallBack` 或 `kCFSocketConnectCallBack` 类型的事件时则调用回调函数，这两个事件（分别）对应于数据被 socket 接收和由 socket 建立一个新的连接。可以在 iPhone SDK 文档中找到有关这些类型（以及其他类型）的更多详细信息。

现在需要建立回调函数来处理 socket 的连接状态和收到的数据回调。注意，为了能够在 `socketCallback` 中调用 `SocketController` 类方法，如代码清单 8-4 所示，socket 上下文中 `.info` 设置为 `self`。这说明 `SocketController` 属性 `self` 总是作为 `info` 参数传递到 `socketCallBack`，从而支持访问类方法。代码清单 8-5 显示了 socket 回调函数的一个例子。

代码清单 8-5　处理 Socket 连接和到来数据的 Socket 回调函数

```
static void socketCallBack( CFSocketRef s, CFSocketCallBackType type,
  CFDataRef address, const void *dataIn, void *info )
{
  SocketController *socketController = (SocketController *) info;
```

```
    if(type==kCFSocketConnectCallBack) {

      if(dataIn) {

        SInt32 error = *((SInt32*)dataIn) ;
        printf("error code %d\n",error);

      }

      return;
    }

    if(type == kCFSocketDataCallBack) {

      unsigned char *dataBytes;
      dataBytes = [(NSMutableData *)dataIn mutableBytes];

      [socketController dealWithData:dataBytes];
      // 处理 dataBytes 中的数据

    }

}
```

现在你已经知道了如何在设备和服务器之间打开 socket 连接，以及如何在选定的方法中处理到来的数据，要完成通信周期，现在还剩一件事：向服务器发送一个消息。向服务器传送消息并不需要做太多工作，只需通过调用 `CFSocketSendData` 告诉已经打开的 socket 发送一个消息，如代码清单 8-6 所示。可以使用 `CFSocketSendData` 的返回值来验证发送操作，因为它会在成功或失败时返回以下值。

- 返回 0：成功地发送数据；
- 返回 –1：socket 错误；
- 返回 –2：socket 超时（超时时间由 `CFSocketSendData` 的第 4 个参数设置）。

代码清单 8-6　通过一个已连接的 socket 发送一个消息

```
-(void)sendToServerMessage:(NSString *)message {

  sendStrUTF = [message UTF8String];
  NSData *dataOut = [NSData dataWithBytes:sendStrUTF
                              length:strlen(sendStrUTF)];
  CFSocketError error = CFSocketSendData(socket, NULL,
                         (CFDataRef)dataOut, 0);
  // 验证错误的值

}
```

通过本节介绍的方法，你现在应该已经具备在设备与服务器之间通信所需的全部工具。通过服务器端的一些巧妙的编程（可以是关联到数据库的简单网页页面，或者是完整的多用户服务器），就可以使用目前为止介绍的方法在 iPhone 上开发多玩家游戏应用。

8.1.2 局域网游戏中引入“Bonjour”

iPhone 上内置有无线连接，这意味着它非常适合开发局域网上运行的多人游戏，Swipe Interactive 的第二个 iPhone 游戏 Pole2Pole 中就内置有这个特性，如图 8-4 所示。了解目前为止介绍的方法后，你要问到的第一个问题可能是，设备要连接的服务器在哪里？很显然，如果只是为了能够玩游戏而必须在局域网上建立并运行一个游戏服务器，这并不是一个可选方案，另一方面，如果让设备连接到网络上的一个远程服务器，这又与限制高速无线连接的想法相违背。因此，显而易见的解决方案是让设备直接相互连接，但是设备如何知道在网络上去哪里查找另一个准备参加游戏的设备呢？这里 Bonjour 就要隆重登场了。

图 8-4 Pole2Pole 在 WiFi 多玩家模式中使用 Bonjour 来支持网络游戏

1. 什么是 Bonjour

Bonjour 是 Apple 提供的基于 IP 的零配置网络解决方案。网络上任何运行 Bonjour 服务的应用程序都能被该网络上搜索同类服务的另一个应用程序很快发现，这就允许两个远程应用程序相互交互而不必提前知道对方的存在。

将这个技术应用到 iPhone 游戏时，Bonjour 意味着网络上的一个设备可以运行该游戏的特有服务，同时使用 Bonjour 向网络上的其他设备广播这个服务。与此同时，网络上的另一个设备浏览这个游戏服务，归功于 Bonjour，它能很快发现可以与第一个设备连接。使用 Bonjour 广播的信息解析远程服务的详细情况后，设备可以相互连接，并传送必要的游戏信息。

2. 建立 socket

建立服务的第一步是打开连接网络的一个 socket。我们尚不知道这个 socket 要连接到哪里，所以显然它不会像以前一样连接一个特定的远程地址和端口。这说明要对代码清单 8-4 中描述的 `initSocket` 方法做一些修改。这些修改如下所示。

- CFSocketCreate() 中的回调类型必须是 kCFSocketAcceptCallBack，这样建立连接时就会调用这个 socket 回调函数。
- 由于 Bonjour 特有的工作方式，socket 必须允许重用本地地址。可以通过增加以下几行代码来设置：

```
int yes = 1;
setsockopt( CFSocketGetNative(socket),
                              SOL_SOCKET,
                            SO_REUSEADDR,
                            (void *)&yes,
                             sizeof(yes) );
```

- socket 应当自行建立在任何可用端口上，而不是像从前一样建立在一个特定的端口上。要让设备为你选择一个可用端口，只需设置 addr4.sin_port = 0。
- socket 地址应当如下设置：

```
addr4.sin_addr.s_addr = htonl(INADDR_ANY);
CFSocketSetAddress(socket, (CFDataRef)address4);
```

通过这些修改，就得到了新的 initSocket 类，如代码清单 8-7 所示，这里更新的代码行用粗体显示。

代码清单 8-7　连接一个 socket 来支持 Bonjour

```
- (CFSocketRef) initSocket {

  CFSocketContext context = {
    .version = 0,
    .info = self,
    .retain = NULL,
    .release = NULL,
    .copyDescription = NULL
  };

  CFSocketRef socket = CFSocketCreate(
    kCFAllocatorDefault,
    PF_INET,
    SOCK_STREAM,
    IPPROTO_TCP,
    kCFSocketAcceptCallBack, // callBackTypes
    socketCallBack, // 回调函数
    &context
  );

  struct sockaddr_in addr4;

  memset(&addr4, 0, sizeof(addr4));
  addr4.sin_family = AF_INET;
  addr4.sin_len = sizeof(addr4);
  addr4.sin_port = 0;
  addr4.sin_addr.s_addr = htonl(INADDR_ANY);
```

```
    int yes = 1;
    setsockopt(CFSocketGetNative(socket), SOL_SOCKET, SO_REUSEADDR,
               (void *)&yes, sizeof(yes));

    NSData *address4 = [NSData dataWithBytes:&addr4 length:sizeof(addr4)];
    CFSocketSetAddress(socket, (CFDataRef)address4);

    CFRunLoopSourceRef source;
    source = CFSocketCreateRunLoopSource(NULL, socket, 1);
    CFRunLoopAddSource(CFRunLoopGetCurrent(), source, kCFRunLoopDefaultMode);
    CFRelease(source);

    return socket;

}
```

既然 socket 已经建立，要确保可以通过与这个 socket 的任何连接发送和接收数据。为此，有必要使用两个 `NSStream` 子类：`NSInputStream` 和 `NSOutputStream`。建立与 socket 的连接时，将使用回调函数 `socketCallBack`，将数据流链接到 socket，如代码清单 8-8 所示。

代码清单 8-8　socket 回调函数处理接收到的连接

```
#import <CFNetwork/CFSocketStream.h>

static void socketCallBack( CFSocketRef s, CFSocketCallBackType type,
  CFDataRef address, const void *dataIn, void *info )
{
  SocketController *socketController = (SocketController *) info;

  if (kCFSocketAcceptCallBack == type) {

    CFSocketNativeHandle nativeSocketHandle = *(CFSocketNativeHandle *)dataIn;
    CFReadStreamRef readStream = NULL;
    CFWriteStreamRef writeStream = NULL;
    CFStreamCreatePairWithSocket(kCFAllocatorDefault, nativeSocketHandle,
      &readStream, &writeStream);

    if (readStream && writeStream) {

      CFReadStreamSetProperty(readStream,
        kCFStreamPropertyShouldCloseNativeSocket, kCFBooleanTrue);
      CFWriteStreamSetProperty(writeStream,
        kCFStreamPropertyShouldCloseNativeSocket, kCFBooleanTrue);

      [socketController
        didAcceptConnectionWithinputStream:(NSInputStream *)readStream
                              outputStream:(NSOutputStream *)writeStream];

    } else {

      close(nativeSocketHandle);
```

```
        }

        if (readStream) CFRelease(readStream);
        if (writeStream) CFRelease(writeStream);

    }

}
```

代码清单 8-8 中，我调用了一个方法 didAcceptConnectionWithInputStream:outputStream:，它将输入和输出流分别指定到 SocketController 类的 NSInputStream 和 NSOutputStream 对象，这样一来我就可以在类中的其他位置使用输入和输出流。你可能还想打开数据流，把它们增加到当前循环并指定委托，从而能与之异步交互。代码清单 8-9 显示了有关的代码。

代码清单 8-9 建立 NSStreams 异步处理流事件的有关方法

```
- (void)didAcceptConnectionWithinputStream:(NSInputStream *)istr
  outputStream:(NSOutputStream *)ostr {

  // inStream 和 outStream 是
  // NSInputStream 和 NSOutputStream 实例变量

  inStream = istr;
  [inStream retain];

  outStream = ostr;
  [outStream retain];

  [self openStreams];

}

-(void)openStreams {

  inStream.delegate = self;
  [inStream scheduleInRunLoop:[NSRunLoop currentRunLoop]
                      forMode:NSDefaultRunLoopMode];
  [inStream open];

  outStream.delegate = self;
  [outStream scheduleInRunLoop:[NSRunLoop currentRunLoop]
                       forMode:NSDefaultRunLoopMode];
  [outStream open];

}
```

3. NSNetService 和发布

一旦一切准备就绪，可以接受一个连接并通过这个连接发送 / 接收数据，剩下的就是要把这一事实发布出去，即服务已在网络上可用，如图 8-5 所示。这是如何做到的？在详细说明之前，有必要先简要讨论与 NSNetService 有关的一些术语。

- **类型**（type）：服务类型，包含服务名和传输层，前面有一个下划线字符作为前缀，并有一个点号作为后缀。浏览服务时就要使用类型。例如，如果类型设置为 _mytype._tcp.，那么只有浏览同类型服务的设备才会发现这个服务。
- **域**（domain）：这确定了服务应当在哪个域运行。如果要使用默认域，可以将它设置为一个空串：@""。
- **名**（name）：这是对用户友好的名字（例如“Joe Bloggs’ iPod”），在网络上服务将以这个名字自行标识，这必须是唯一的。要使用默认设备名，可以将它设置为一个空串：@""。

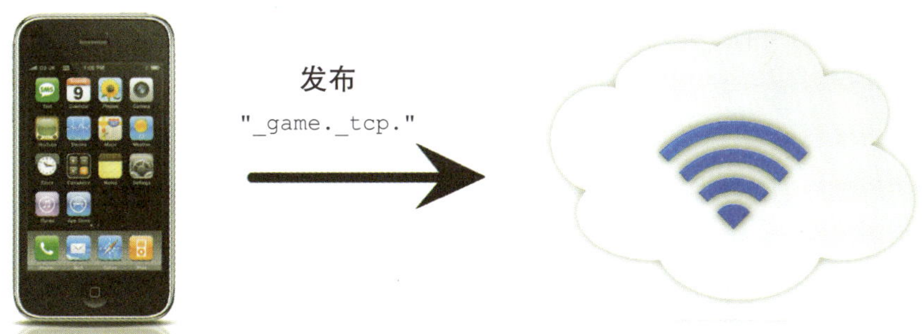

图 8-5　设备发布服务在网络上可用

代码清单 8-10 显示了如何使用 NSNetService 类在网络上发布一个服务，并将服务类型设置为 _mygame._tcp.。

代码清单 8-10　使用 Bonjour 发布一个服务

```
-(void)publishService {
  // 查找 socket 指定的端口
  NSData *addr = [(NSData *)CFSocketCopyAddress(socketRef) autorelease];
  struct sockaddr_in addr4;
  memcpy(&addr4, [addr bytes], [addr length]);
  uint16_t port = ntohs(addr4.sin_port);

  // 建立和发布服务
  service = [[NSNetService alloc] initWithDomain:@""
                                            type:@"_mygame._tcp."
                                            name:@""
                                            port:port];

  if(service) {

    [service scheduleInRunLoop:[NSRunLoop currentRunLoop]
                       forMode:NSRunLoopCommonModes];
    [service setDelegate:self];
```

```
        [service publish];

    }

}
```

一旦调用了 publish，应用程序尝试广播该服务在网络上可用。可以使用委托方法 netServiceDidPublish: 和 netService:didNotPublish: 检查发布是否成功。

4. 用 NSNetServiceBrowser 浏览服务

既然已经有了发布的服务，我们还需要一个远程设备发现这个服务并与之连接，如图 8-6 所示。为了搜索一个远程发布的服务，需要使用 NSNetServiceBrowser 类，可以如代码清单 8-11 中 initServiceBrowser 方法所示来进行设置。同样地，服务浏览器将增加到运行循环，并指定一个委托，从而可以异步操作。

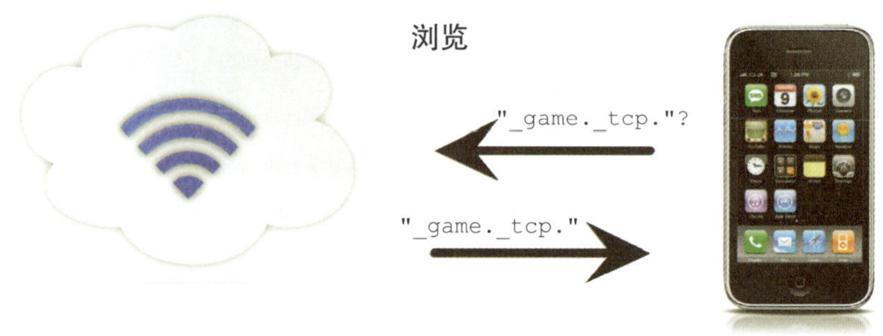

图 8-6 设备使用 NSNetServiceBrowser 类在网络上发现所请求类型的服务

代码清单 8-11 用 NSNetServiceBrowser 启动一个服务浏览器

```
-(void)initServiceBrowser {

  serviceBrowser = [[NSNetServiceBrowser alloc] init];
  [serviceBrowser scheduleInRunLoop:[NSRunLoop currentRunLoop]
                            forMode:NSRunLoopCommonModes];
  [serviceBrowser setDelegate:self];
  [serviceBrowser searchForServicesOfType:@"_mygame._tcp." inDomain:@""];

}
```

服务浏览器现在开始在网络上搜索所请求类型的服务，并向 NSNetServiceBrowser 委托方法返回报告。一旦在网络上发现一个服务，则会调用委托方法 netServiceBrowser:didFindService:moreComing:。发现服务后的一种方案是将服务存储在一个数组中，并向用户显示一个可用服务的列表供他们选择，对于游戏来讲这也许是最合适的做法。我在 Pole2Pole 中就使用了这种方法，如图 8-7 所示。另外，还有一点需要说明，在屏幕上显示一个服务时，对用户最友好的选择是显示其 name 属性。代码清单 8-12 显示了如何将发现的一个服务增加到现有的数组中，并将服务名写入日志。

图 8-7 Pole2Pole 使用一个 UITableView 显示发现的 NSNetService

代码清单 8-12 发现一个服务时调用 NSNetServiceBrowser 委托方法

```
- (void)netServiceBrowser:(NSNetServiceBrowser *)netServiceBrowser
  didFindService:(NSNetService *)netService moreComing:(BOOL)moreComing {

  // netServices 可以是一个 NSMutableArray 实例变量
  [netServices addObject:netService];

  // 向日志输出友好的名字
  NSLog(@"Found service named '%@',[netService name]);

}
```

一旦决定要连接哪个服务，必须解析这个服务，从而在两个设备之间建立一个连接，如图 8-8 所示。

图 8-8 解析服务，使设备相互之间可以开始通信

如代码清单 8-13 所示，通过设置一个 NSNetService 的委托并调用 resolveWithTimeout:，可以异步地解析这个服务。

代码清单 8-13　解析一个 NSNetService

```
-(void)resolveService:(NSNetService *)resolve {

  [resolve setDelegate:self];
  [resolve resolveWithTimeout:0.0]; // 超时设置为 0，从而永远不超时

}
```

解析时会调用委托方法 netServiceDidResolveAddress:，如代码清单 8-14 所示，然后可以使用 getInputStream:outputStream: 连接到所解析的服务，它为连接提供了 NSInputStream 和 NSOutputStream 对象的引用。

代码清单 8-14　服务解析时调用 NSNetService 委托方法

```
- (void)netServiceDidResolveAddress:(NSNetService *)netService {

  if (![netService getInputStream:&inStream outputStream:&outStream]) {
    // 未能连接
    return;
  }

  [self openStreams];

}
```

说明

> 在代码清单 8-14 中，[self openStreams] 指示代码清单 8-9 中描述的方法。

5. 发送和接收数据

现在你已经有了一个通信系统，它允许运行在同一个网络上的两个设备很快地相互发现、解析和连接，只需用户很少的交互。余下的工作只是在这个 socket 连接上真正地发送和接收数据，这与之前稍有不同，因为现在你在使用 NSNetStream 实例。流接收到的任何事件都会触发委托方法 stream:handleEvent:，由这个方法可以采用一种依赖于事件类型的方式与当前流交互。代码清单 8-15 显示了如何使用 NSInputStream 的 read:maxLength: 方法从流读取数据。

代码清单 8-15　从 NSStream 读取数据

```
- (void) stream:(NSStream*)stream handleEvent:(NSStreamEvent)eventCode {

  switch(eventCode) {
```

```
        case NSStreamEventHasBytesAvailable:
        {
          if (stream == inStream) {
            uint8_t msgIn;
            unsigned int len = 0;
            len = [inStream read:&msgIn maxLength:sizeof(uint8_t)];
            if(!len) {
              if ([stream streamStatus] != NSStreamStatusAtEnd) {
                // 读取数据出错
              }
            } else {
              // 接收到的消息
            }
          }
          break;
        }

      }

    }
```

当然，还有其他 NSStreamEvent 类型，这些类型在实际应用中也很有用，包括：

- NSStreamEventOpenCompleted：流已经成功打开；
- NSStreamEventEndEncountered：已经到达流末尾；
- NSStreamEventHasSpaceAvailable：流上还有可用空间可以写入数据。

向发出流写入数据是一个简单的操作，调用 write:maxLength: 会把数据置于队列中从而通过连接传送。代码清单 8-16 显示了发送数据的一个例子。

代码清单 8-16　写至一个 NSOutputStream 对象

```
-(void)send:(const uint8_t)message {

  if([outStream hasSpaceAvailable])
    NSInteger bytesWritten = [outStream write:(const uint8_t *)message
      maxLength: sizeof(const uint8_t)];

  if(bytesWritten == -1) {
    // 错误写至流
  }

}
```

希望通过这一节的描述，现在能让你理解如何建立一个 socket，从而能够接收并接受一个到来的连接，然后把它发布为一个可用服务。我还介绍了如何浏览网络上的可用服务，解析并连接这些服务，然后读写与之关联的数据流。这些工具在构建网络化应用程序时非常有用，可以得到一些很棒的多人游戏。

8.1.3 绘制到屏幕

较早前开发 Quick Draw 时我曾遇到一个有意思的问题，即如何绘制到屏幕，对我来说，就是要在用户触摸的位置绘制。对于如何从屏幕上获取触摸点，iPhone SDK 文档中有大量相关信息，所以这一部分很容易，不过要明白我所说的绘制到屏幕则需要花一些时间。实际上，绘制到一个 UIView 非常简单，只要坚持一条黄金定律：仅在 drawRect：方法内完成绘制操作。代码清单 8-17 显示了构建一个简单的手指绘图应用程序所需的代码，这里使用了一个 CGPath 记录要绘制的点。

代码清单 8-17 在触摸位置上绘制

```
#import <UIKit/UIKit.h>

@interface DrawingView : UIView {

  CGMutablePathRef drawingPath;

}

@end

@implementation DrawingView

-(void)awakeFromNib {

  drawingPath = CGPathCreateMutable();

}

-(void)touchesMoved:(NSSet *)touches withEvent:(UIEvent *)event {

  UITouch * touch = [[event touchesForView:self] anyObject];

  CGPoint location = [touch locationInView:self];
  CGPoint previousLocation = [touch previousLocationInView:self];

  CGPathMoveToPoint (drawingPath, nil, previousLocation.x, previousLocation.y);
  CGPathAddLineToPoint (drawingPath, nil, location.x, location.y);
  [self setNeedsDisplay];

}
-(void)touchesBegan:(NSSet *)touches withEvent:(UIEvent *)event {

  UITouch * touch = [[event touchesForView:self] anyObject];

  CGPoint location = [touch locationInView:self];

  CGPathMoveToPoint (drawingPath, nil, location.x, location.y);
  CGPathAddLineToPoint (drawingPath, nil, location.x, location.y);

  [self setNeedsDisplay];
```

```
}

-(void)drawRect:(CGRect)rect {

  CGContextRef context = UIGraphicsGetCurrentContext();

  CGContextSetLineWidth(context,1.0);
  CGContextSetRGBStrokeColor(context, 1.0, 0.0, 0.0, 1.0);

  CGContextAddPath(context,drawingPath);
  CGContextStrokePath(context);

}

-(void)dealloc {

  CGPathRelease(drawingPath);
  [super dealloc];

}

@end
```

从代码清单 8-17 可以看到，绘制代码都放在 drawRect: 内，并通过调用 UIView 的 setNeedsDisplay 来更新。touchesBegan: 和 touchesMoved: 方法只是向 CGMutablePath 另外增加线条，这会在下一个 drawRect: 调用时绘制到屏幕上。

8.2 井字游戏示例

我还没有在一个实际演示中用过这一章讨论的主题，所以现在就来展示如何使用目前为止介绍的内容编写一个局域网游戏。这个游戏是经典的井字游戏（tic-tac-toe）的网络版本，同在一个网络上的两个玩家能够相互找到并且一起玩游戏。我不打算展示如何开发大量游戏逻辑，如自动检测谁是赢家，因为我的目的只是想展示使用 Bonjour 实现设备之间的网络通信。

首先，需要建立一个新的工程，在 Xcode 中创建一个基于视图的应用程序，命名为 TicTacToe。这会创建多个文件，构成一个 Cocoa Touch 应用程序的基础，其中最重要的文件（对我们来说）包括 TicTacToeViewController.h、TicTacToeViewController.m 和 TicTacToeViewController.xib 文件。

下一步是在主 UIView（已在应用程序的 xib 中建立）中放置一个 UITableView，网络上找到的游戏就要加载到这里。为此，打开文件 TicTacToeViewController.xib，并把对象库中的一个 UITableView 放置到 xib 提供的 UIView 中。为了让这个 UITableView 真正有用，还应当将其数据源和委托 outlet 链接到文件所有者 TicTacToeViewController，将它命名为 servicesTable 并链接到 TicTacToeViewController 的一个名为 servicesTable 的 outlet。最终会得到类似于图 8-9 所示的设置。

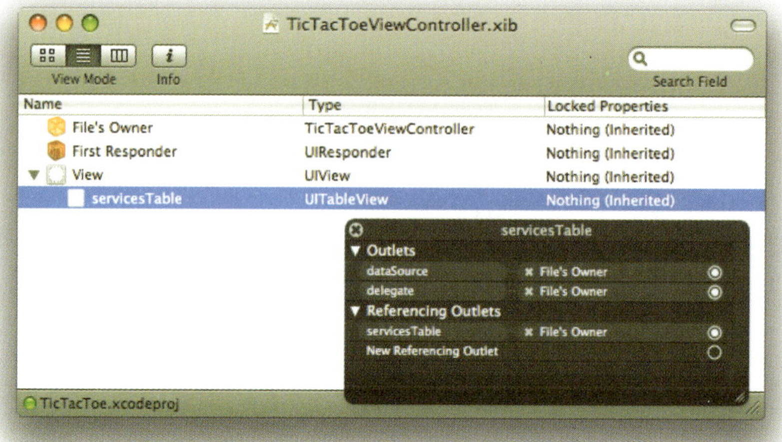

图 8-9 TicTacToeViewController.xib 显示了 servicesTable 的 outlet

现在，需要将必要的代码放入 TicTacToeViewController.h 和 TicTacToeViewController.m。这些文件的完整代码分别如代码清单 8-18 和代码清单 8-19 所示。

代码清单 8-18 TicTacToeViewController.h

```
#import <UIKit/UIKit.h>
#import <netinet/in.h>
#import <sys/socket.h>
#import <CFNetwork/CFSocketStream.h>

@interface TicTacToeViewController : UIViewController {

  UIView *overlay;

  BOOL myTurn;

  CFSocketRef socketRef;
  NSNetService *service;
  NSNetService *currentService;
  NSNetServiceBrowser *serviceBrowser;
  NSInputStream *inStream;
  NSOutputStream *outStream;
  NSString *ownName;
  NSMutableArray *services;

  IBOutlet UITableView *servicesTable;
}

-(CFSocketRef)initSocket;
-(void)publishService;
-(void)initServiceBrowser;
```

```
-(void)openStreams;
-(void)didAcceptConnectionWithinputStream:(NSInputStream *)istr
outputStream:(NSOutputStream *)ostr;
-(BOOL)send:(const uint8_t)message;
-(BOOL)tappedCell:(NSInteger)cellNumber;
-(void)endGame;
-(void)clearCells;
-(void)endGameButton;
-(void)clearCellsButton;
-(void)stopService;
-(void)stopBrowsing;
-(void)stopStreams;
-(void)closeSocket;

@property (nonatomic, retain) IBOutlet UITableView *servicesTable;

@end
```

代码清单 8-19 TicTacToeViewController.m

```
#import "TicTacToeViewController.h"
#import "Cell.h"

@implementation TicTacToeViewController

@synthesize servicesTable;

#pragma mark init
- (void)viewDidLoad {

  myTurn = NO;

  // 为简单起见，使用 UIView 作为游戏网格范围
  overlay = [[UIView alloc] initWithFrame:self.view.bounds];
  [overlay setBackgroundColor:[UIColor colorWithWhite:1.0 alpha:1.0]];

  // 建立 i3x3 的单元格网格
  int i,j;
  for(j=0;j<3;j++) {
    for(i=0;i<3;i++) {
      Cell *cell = [[Cell alloc] initWithHPos:i vPos:j sender:self];
      [overlay addSubview:cell];
      [cell release];
    }
  }

  // 建立按钮来控制游戏状态
  UIButton *endGameB = [UIButton buttonWithType:UIButtonTypeRoundedRect];
  [endGameB setTitle:@"Leave Game" forState:UIControlStateNormal];
  [endGameB setFrame:CGRectMake(10, 330, 100, 30)];
  [endGameB addTarget:self action:@selector(endGameButton)
     forControlEvents:UIControlEventTouchUpInside];
  [overlay addSubview:endGameB];
```

```
    UIButton *resetGameB = [UIButton buttonWithType:UIButtonTypeRoundedRect];
    [resetGameB setTitle:@"New Game" forState:UIControlStateNormal];
    [resetGameB setFrame:CGRectMake(210, 330, 100, 30)];
    [resetGameB addTarget:self action:@selector(clearCellsButton)
         forControlEvents:UIControlEventTouchUpInside];
    [overlay addSubview:resetGameB];

    [self.view addSubview:overlay];

    // 隐藏游戏视图
    [overlay setHidden:YES];

    // 保存已发现服务的数组
    services = [[NSMutableArray array] retain];

    // 建立 socket、服务和服务浏览器
    socketRef = [self initSocket];
    [self publishService];
    [self initServiceBrowser];

    [super viewDidLoad];

}

#pragma mark Socket setup and callBack

// 包含代码清单 8-8 的 socketCallBack 函数
// 请注意必须将代码行
//   SocketController *socketController = (SocketController *) info;
// 替换为
//   TicTacToeViewController *socketController =
//                                  (TicTacToeViewController *) info;

// 包含代码清单 8-7 的 initSocket 方法

#pragma mark NSNetService publisher and browser

// 包含代码清单 8-10 的 publishService 方法

// 包含代码清单 8-11 的 initServiceBrowser 方法

#pragma mark NSNetServiceBrowser delegate methods
- (void)netServiceBrowser:(NSNetServiceBrowser *)netServiceBrowser
didFindService:(NSNetService *)netService moreComing:(BOOL)moreComing {

    if(![[netService name] isEqualToString:ownName]) {
      [services addObject:netService];
      [servicesTable reloadData];
    }

}

- (void)netServiceBrowser:(NSNetServiceBrowser *)netServiceBrowser
          didRemoveService:(NSNetService *)netService
                moreComing:(BOOL)moreServicesComing {
```

```
    [services removeObject:netService];
    [servicesTable reloadData];

}

#pragma mark NSNetService delegate methods

- (void)netServiceDidPublish:(NSNetService *)sender {

    // 存储自己的名字以备以后使用
    ownName = [sender name];

}

- (void)netServiceDidResolveAddress:(NSNetService *)netService {

    if (![netService getInputStream:&inStream outputStream:&outStream]) {
      // 未能连接
      return;
    }
    currentService = netService;
    [self openStreams];

    myTurn = YES;

}

#pragma mark NSStream methods

// 包含代码清单 8-9 中的
// penStreams 和 didAcceptConnectionWithInputStream:outputStream:方法
-(BOOL)send:(const uint8_t)message {

    if (outStream && [outStream hasSpaceAvailable])
      if([outStream write:(const uint8_t *)&message
                maxLength:sizeof(const uint8_t)] != -1) return YES;
    return NO;

}

- (void) stream:(NSStream*)stream handleEvent:(NSStreamEvent)eventCode {

    switch(eventCode) {
      case NSStreamEventOpenCompleted:
        // 显示游戏视图
        [overlay setHidden:NO];

        // 隐藏 servicesTable 视图
        [servicesTable setHidden: YES];
        break;

      case NSStreamEventHasBytesAvailable:
      { // 加大括号，阻止编译器报错
        if (stream == inStream) {
```

```
          uint8_t b;
          unsigned int len = 0;
          len = [inStream read:&b maxLength:sizeof(uint8_t)];
          if(!len) {
            if ([stream streamStatus] != NSStreamStatusAtEnd) {
              // 读取数据出错
            }
          } else {
            if(b<10) {
              // 对手轻击的单元格
              [(Cell *)[overlay viewWithTag:b] remoteTap];
              myTurn = YES;
            } else if(b==10) {
              // 使用消息'10'指示游戏结束
              [self endGame];
            } else if(b==11) {
               // 使用消息'11'重置游戏
              [self clearCells];
            }
          }
        }
        break;
      }
      case NSStreamEventEndEncountered:
        // 对手断开连接，结束游戏
        [self endGame];

        break;
    }
}

#pragma mark Game control methods

-(BOOL)tappedCell:(NSInteger)cellNumber {

  if(myTurn) {
    // 发送消息指示选择的单元格
    if([self send:(const uint8_t)cellNumber]) {
      myTurn = NO;
      return YES;
    }
  }
  return NO;

}

-(void)endGame {

  [self stopStreams];
  [self clearCells];
  // 隐藏游戏视图
  [overlay setHidden: YES];
  myTurn = NO;
```

```
    // 显示 servicesTable 视图
    [servicesTable setHidden: NO];

}

-(void)clearCells {

  // 清空各个单元格
  NSInteger cell;
  for(cell=1;cell<=9;cell++) [(Cell *)[overlay viewWithTag:cell] clearCell];

}

#pragma mark Button press methods
-(void)endGameButton {
    [self endGame];
    // 发送消息结束游戏
    [self send:(const uint8_t)10];

}

-(void)clearCellsButton {

    [self clearCells];
    // 发送消息清空单元格
    [self send:(const uint8_t)11];

}

#pragma mark UITableView delegate methods
- (NSInteger)numberOfSectionsInTableView:(UITableView *)tableView {

    return 1;

}

- (NSString *)tableView:(UITableView *)tableView
titleForHeaderInSection:(NSInteger)section {

    NSString *title;
    switch (section) {
      case 0:
        title = @"Available Games";
        break;
    }

    return title;

}

- (NSInteger)tableView:(UITableView *)tableView
numberOfRowsInSection:(NSInteger)section {

    return [services count];
```

```
}

- (UITableViewCell *)tableView:(UITableView *)tableView
cellForRowAtIndexPath:(NSIndexPath *)indexPath {
  NSString *kCellIdentifier = @"TableRow";
  UITableViewCell *cell = [tableView
    dequeueReusableCellWithIdentifier:kCellIdentifier];

  if (cell == nil) {
    cell = [[[UITableViewCell alloc] initWithFrame:CGRectZero
                           reuseIdentifier:kCellIdentifier] autorelease];
  }

  // 放入服务名作为单元格文本
  cell.text = [[services objectAtIndex:indexPath.row] name];
  cell.accessoryView = nil;

  return cell;

}

- (void)tableView:(UITableView *)tableView
didSelectRowAtIndexPath:(NSIndexPath *)indexPath {

  // 用户从表中选择一个服务——开始解析
  NSNetService *resolveService = [services objectAtIndex:indexPath.row];
  [resolveService setDelegate:self];
  [resolveService resolveWithTimeout:0.0];
  [[tableView cellForRowAtIndexPath:indexPath] setSelected:NO];

}

#pragma mark cleaning up

-(void)stopService {

  [service stop];
  [service removeFromRunLoop:[NSRunLoop currentRunLoop]
                   forMode:NSRunLoopCommonModes];
  [service release];
  service = nil;

}

-(void)stopBrowsing {

  [serviceBrowser stop];
  [serviceBrowser release];
  serviceBrowser = nil;

}
-(void)stopStreams {

  [inStream removeFromRunLoop:[NSRunLoop currentRunLoop]
                    forMode:NSDefaultRunLoopMode];
```

```
    [inStream release];
    inStream = nil;

    [outStream removeFromRunLoop:[NSRunLoop currentRunLoop]
                         forMode:NSDefaultRunLoopMode];
    [outStream release];
    outStream = nil;

    [currentService stop];
    currentService = nil;

}

-(void)closeSocket {

    if (socketRef) {
      CFSocketInvalidate(socketRef);
      CFRelease(socketRef);
      socketRef = NULL;
    }

}

- (void)dealloc {

    [self stopService];
    [self stopBrowsing];
    [self stopStreams];
    [self closeSocket];
    [services release];
    [overlay release];
    [super dealloc];

}

@end
```

在 TicTacToeViewController.m 中，可以注意到类 `Cell` 用于表示井字游戏单元格。为了在你的应用程序中包含这个类，需要创建一个新的 `UIView` 子类——Cell.m，另外它还会创建文件 Cell.h。Cell.h 和 Cell.m 的完整文件分别见代码清单 8-20 和代码清单 8-21。

代码清单 8-20　Cell.h

```
#import "TicTacToeViewController.h"

@interface Cell : UIView {

    TicTacToeViewController *viewController;
    BOOL cellTappedRemote;
    BOOL cellTappedLocal;

}
```

```
-(id)initWithHPos:(NSInteger)i vPos:(NSInteger)j
  sender:(TicTacToeViewController *)sender;
-(void)remoteTap;
-(void)clearCell;

@end
```

代码清单 8-21　Cell.m

```
#import "Cell.h"

@implementation Cell

-(id)initWithHPos:(NSInteger)i vPos:(NSInteger)j
  sender:(TicTacToeViewController *)sender {

  viewController = sender;

  [self initWithFrame:CGRectMake(i*100 + 10, j*100 + 10, 100, 100)];

  self.multipleTouchEnabled = NO;
  [self setBackgroundColor:[UIColor colorWithWhite:1.0 alpha:1.0]];

  // UIView 标记，用来标识单元格
  self.tag = j*3 + i + 1;

  cellTappedLocal = NO;
  cellTappedRemote = NO;

  return self;

}
-(void)remoteTap {

  cellTappedRemote = YES;
  [self setNeedsDisplay];

}

-(void)clearCell {
  cellTappedLocal = NO;
  cellTappedRemote = NO;
  [self setNeedsDisplay];
}

- (void) touchesEnded:(NSSet*)touches withEvent:(UIEvent*)event {

  if(!cellTappedLocal && !cellTappedRemote)
    if([viewController tappedCell:[self tag]]) {
      cellTappedLocal = YES;
      [self setNeedsDisplay];
    }

}
```

```
- (void)drawRect:(CGRect)rect {

  // 在单元格外绘制方框从而使我们能看到它
  CGContextRef context = UIGraphicsGetCurrentContext();
  CGContextSetLineWidth(context,1.0);
  CGContextSetRGBStrokeColor(context, 1.0, 0.0, 0.0, 1.0);
  CGContextSetLineCap(context, kCGLineCapRound);
  CGContextAddRect(context, CGRectMake(1, 1, 98, 98));
  CGContextStrokePath(context);

  // 如果轻击单元格，则在其中放入相关的标志
  if(cellTappedLocal) {

    [[NSString stringWithString:@"X"]
         drawInRect:self.bounds
           withFont:[UIFont boldSystemFontOfSize:100.0]
      lineBreakMode:0
          alignment:UITextAlignmentCenter];

  } else if (cellTappedRemote) {
    [[NSString stringWithString:@"O"]
         drawInRect:self.bounds
           withFont:[UIFont boldSystemFontOfSize:100.0]
      lineBreakMode:0
          alignment:UITextAlignmentCenter];

  }

}

- (void)dealloc {
  [super dealloc];
}

@end
```

说明

> 这个应用程序所需的一些代码段已经在这一章列出。对于已经讨论过的代码块，我将只引用相应的代码清单。

这个应用程序应当能够让你对于如何最佳地使用 iPhone 强大的网络化功能（并结合本章介绍的方法）来构建多人游戏有一个深入的认识。如果你对 C 或 Objective-C 不熟悉，或者对二者都不熟悉，开始时可能很难完全理解这里介绍的一些主题，不过如果你能了解这一章中解释的大多数方法，对于建立和运行一个多人游戏来说，并不需要了解设备方面的太多其他内容。

网络化意味着开发依赖于网络或因特网通信的应用程序时，你必须确保遇到诸如网络中断、丢包或不完全包甚至传输速率慢等问题时应用程序不会出问题。如果在整个开发过程中牢记这一点，确保考虑到每一种情况，那么不论用户的连接质量如何，最后肯定会得到更加稳定的游戏。

8.3 小结

读完这一章后，你现在了解的知识比我刚开始为 iPhone 编程时所知道的要多得多，那是在发布 Swipe Interactive 的第一个产品 Quick Draw 之前仅仅几个月的时候。这将为你成为 iPhone 开发人员奠定很好的基础，也许以后你开发的应用也能出现在 App Store 中（每天都有越来越令人兴奋的应用出现在 App Store 上）。

请关注 Swipe Interactive 的更多 iPhone 项目，期待你的应用程序能很快发布到 App Store 上。

站在巨人的肩上

手机号码：________________（此为会员编号）

姓　　名：________________　性别：□男 □女　出生年月：____年__月

通信地址：____

邮政编码：____

电子邮件：____

您购买的图书是：23279 /《iPhone游戏编程实例：分享成功游戏开发人员的锦囊妙计》（59.00元）

您获得的会员积分是：5.9 分

欢迎参加“**有奖DEBUG**”活动。提交本书勘误，每确认一处即可获赠积分5分。详情见图灵网站。

请沿虚线剪下此页，寄回图灵公司，即可成为图灵读者俱乐部的一员（复印无效）。**积分累计，可获赠书**（赠书清单见图灵网站）。

邮政编码： 100107

通信地址： 北京市朝阳区北苑路 13 号院 1 号楼 C603

北京图灵文化发展有限公司　图灵读者俱乐部

图灵六月重点图书

书名：UNIX网络编程 卷1：套接字联网API（第3版）

书号：978-7-115-22840-6

- 世界顶级网络专家传世之作
- 网络编程权威参考

书名：Linux程序设计(第4版)

书号：978-7-115-22821-5

- 最负盛名的Linux程序设计图书
- 内容全面深入
- 全球开源社区集体智慧结晶

书名：深入Linux内核架构

书号：978-7-115-22743-0

- 内容全面深入
- 全球开源社区集体智慧结晶
- 领略Linuix内核的绝美风光

书名：精通Linux设备驱动程序开发

书号：978-7-115-22167-4

- 全面深入的Linux设备驱程序名著
- 世界级Linux技术大师力作
- 大量底层技术内幕首次公开

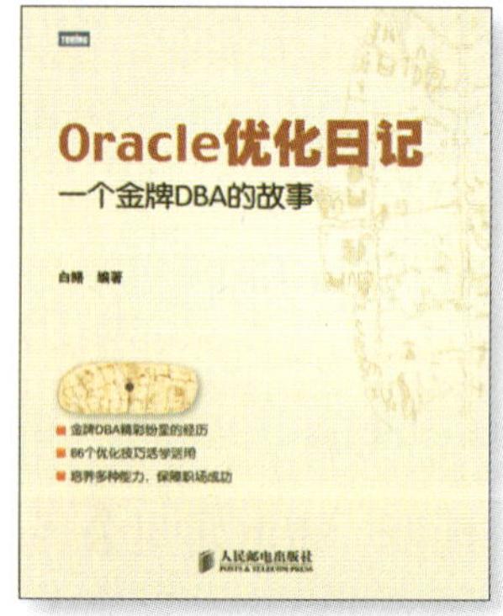

书名：Oracle优化日记：一个金牌DBA的故事

书号：978-7-115-23071-3

- 金牌DBA精彩纷呈的经历
- 86个优化技巧活学活用
- 培养多种能力，保障职场成功

书名：写给大家看的Web设计书（第3版）

书号：978-7-115-22536-8

- 《写给大家看的设计书（第3版）》姐妹篇
- 世界级设计大师指点迷津
- 生动幽默，图文并茂
- 零起步学会Web设计

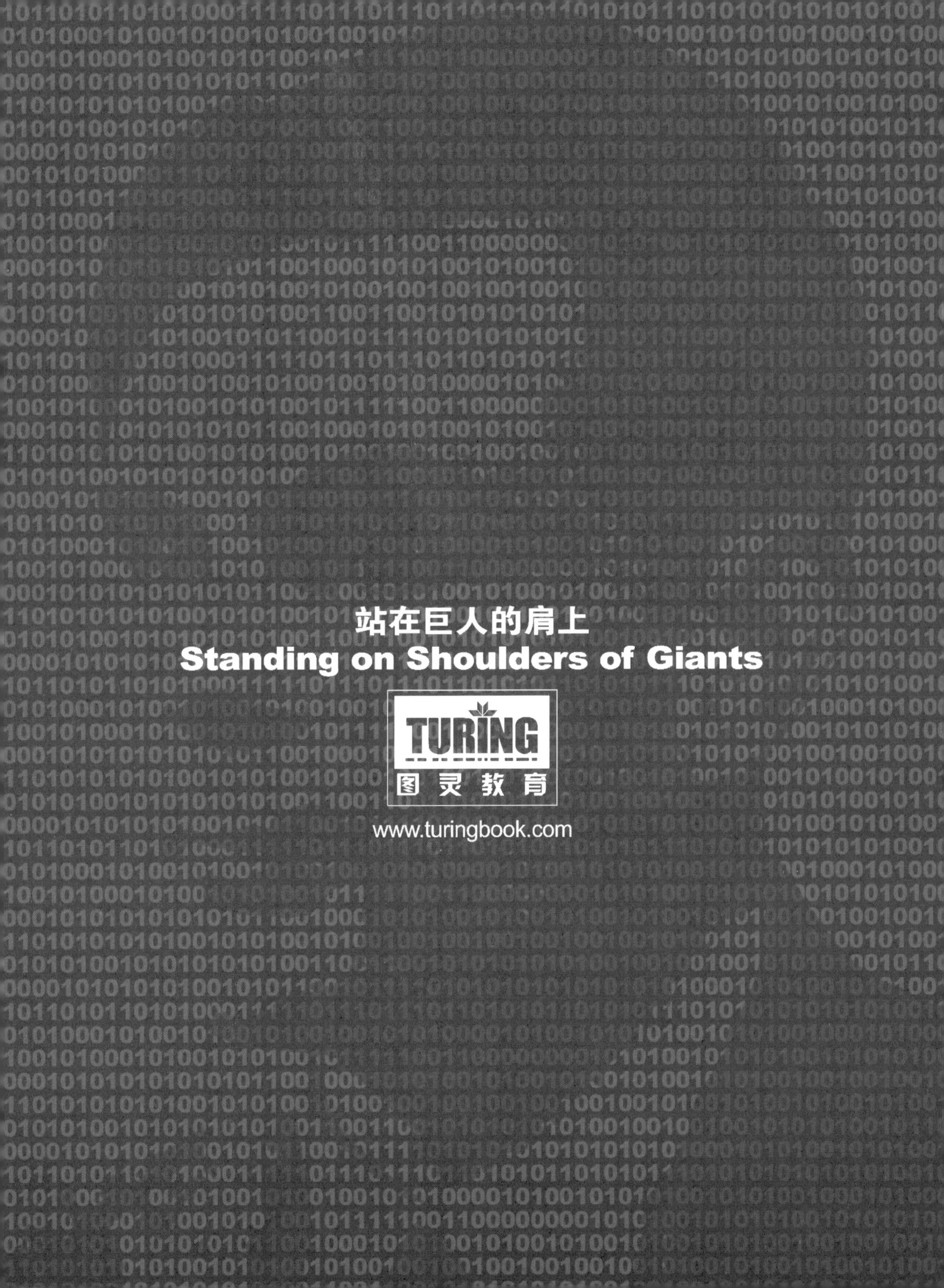
站在巨人的肩上
Standing on Shoulders of Giants
TURING
图灵教育
www.turingbook.com

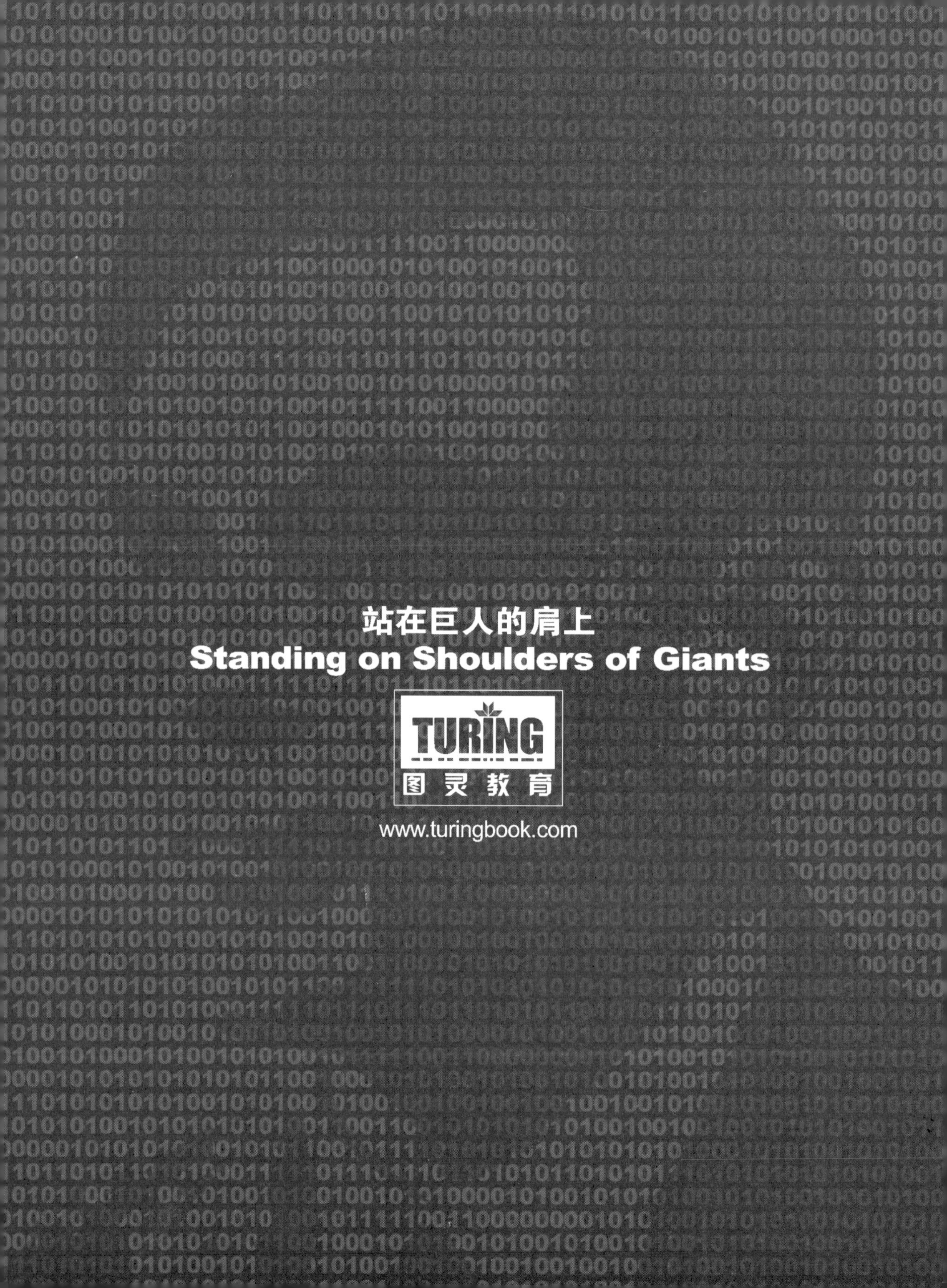
站在巨人的肩上
Standing on Shoulders of Giants
TURING
图灵教育
www.turingbook.com